GAJA

THE

VINES OF

SAN LORENZO

在酒之巅

嘉雅的天地人

[美]爱德华·斯坦伯格 著

齐仲蝉 译

上海文化出版社
SHANGHAI CULTURE PUBLISHING HOUSE

© 2017 Gaja Distribuzione S.a.s.
Via Torino 18 - 12050 Barbaresco
Tel: 0173 635255
Fax: 0173 635256
E-mail: info@gajadistribuzione.it

～ 再版序言 ～

　　2006 年的葡萄采收季，我到意大利北部产区实地走访，第一次探访了嘉雅（Gaja）酒庄。

　　这酒庄位于一个非常小的小镇里，小镇只有一条路，走到底就是一座教堂，两边是些低矮民房，全镇大概五六百人的光景。镇虽小，芭芭罗斯科却是北意葡萄酒中的无冕皇后，而嘉雅是芭芭罗斯科的王者。

　　庄主安杰罗·嘉雅（Angelo Gaja）虽不是男神，但绝对是位战神。七十多岁的他走路带风，眼神就像老鹰一样犀利，讲话不仅速度快，还手舞足蹈，好像仅用口语无法充分表达他的情感。

　　在葡萄酒界，天、地、人的概念与大自然紧密相连，毕竟葡萄酒的本质是农作物，天、地、人三者缺一不可，唯有在理解到"天地人"是密不可分的时候，才有可能做出一款精彩、接近极致的葡萄酒。安杰罗·嘉雅对自己葡萄园的地块、葡萄的品种了如指掌，根据不同的天气来应对，加上他对自己的严苛要求，以革命性的态度改变了当地的酿酒工艺，到世界各地奔走，为了极致而流血流汗，意大利葡萄酒终于打破了多年来法国酒唱独脚戏的局面，成为值得关注与收藏的一员。

　　有关葡萄酒的书籍，大抵是像字典一样的工具书，味如嚼蜡。能把如此专业、与人有距离感的葡萄酒描写成一幕幕的画面，功力不在话下。作者爱德华·斯坦伯格（Edward Steinberg）并非酒圈之人，"他什么也不懂，跟在我们的身后，东问西问，问到我们都要翻白眼了！"书中的主人翁安杰罗·嘉雅老先生告诉我。爱德华从 1988 年 10 月 7

日葡萄的收成季开始，到 1992 年的 9 月 10 日另一个收成季，以时间为轴，从一个外行人的视角出发，看到什么都问、听到什么都记录，在安杰罗眼中再自然不过的事物都成了爱德华追根究底的细节，他以拿着放大镜去观察葡萄酒的态度，写下了这么一本趣味横生的专业书籍。

以日记的方式来表达他在嘉雅酒庄的所见所闻，真是一个好点子。

虽然看起来是记述风趣、文辞优美的日记，但内容可不是杂事记录或者抒情感叹，每一篇都是扎扎实实的专业讯息。从采收葡萄、发酵、酵母、橡木桶、软木塞，到各种生物、植物、土壤，甚至化学和物理的知识，只要和葡萄酒有关，爱德华就发问就记录。因此，这本书不仅适合刚接触葡萄酒的人，对于在酒界工作的人都有帮助。说实话，爱德华的这本书会让不少自认为了解葡萄酒的人心虚，因为他知道的比业界人士知道的还多、还细。所以看这本书，千万不要跳着看，按着时间的推进来阅读，你会发现当看完最后一页、合上书时，葡萄酒的那些芝麻小事都在如来掌中！

这本书在全世界有二十几种译本，出版二十多年依然耐看、好看，所以这次中文版修订再版是必然。第一版时中文书名较贴近原版书名，而此次，我们更想凸显嘉雅在葡萄酒世界的重要性。没有嘉雅，就没有今天这本书；没有嘉雅的执著，爱酒人少了一瓶好酒。

齐仲蝉Chantal CHI

2017年9月于曼谷

谨献给

我的岳父岳母

裘西　暨　丽莎·谭谷

以及

我已逝的父亲母亲

A.D.　暨　莎黛·斯坦柏格

致 谢

　　安杰罗·嘉雅（Angelo Gaja）即刻就领会到我这本书的构想：借由描述一款特定的葡萄酒，勾勒出酿酒的全貌，谈到的不仅仅是技术细节，还有历史掌故与人文背景等。

　　在此，我要诚挚地感谢，嘉雅允许我在他们的葡萄园与酒庄里自由进出，才使本书得以问世；我也要深深感谢庄主夫人露西雅，以及其家人们的慷慨好客，容许我三番两次地打扰他们的生活起居。

　　我还要特别感谢芭芭罗斯科村村民的种种协助：腓德烈克·博杰罗（Federica Boggero）、朱赛佩·伯托（Giuseppe Botto）、卢吉·卡瓦罗（Luigi Cavallo）、恩尼斯托·基亚可萨（Ernesto Giacosa）、瓦乐里欧·葛拉索（Valerio Grasso）、安吉罗·蓝博（Angelo Lembo）、皮埃特罗·罗卡（Pietro Rocca）以及他的家人，利诺（Rino）和罗贝塔·罗卡（Roberta Rocca）。奥多·瓦卡（Aldo Vacca）是位意气相投的友伴，将许多琐务打理得井井有条。腓德烈克·柯塔兹（Federico Curtaz）与吉多·里威拉（Guido Rivella）总是很包容我关于他们工作的各种问题，并幽默风趣地予以回答，此外，他们慷慨大度，不吝与我分享专业知识与人脉，我深表感激，还有两位的夫人们，丹妮雅拉（Daniela）与玛丽雅·葛拉吉雅（Maria Grazia），以及他们的家人，竭尽全力地使我感到宾至如归。

　　各方给予的协助我亦铭记在心：达费先生（M. Daffy）以及法国

THE VINES OF SAN LORENZO

v

劈木厂商；嘉瑙（Ganau）与莫里纳（Molinas）兄弟，以及萨丁尼亚（Sardinia）的诸多软木塞厂负责人；洛可·迪史蒂芬诺（Rocco Di Stefano）、法兰柯·马尼尼（Franco Mannini）、法兰柯·马基尼（Franco Marchini）、罗伯特·蒙大维（Robert Mondavi）、阿柏托·欧瑞可（Alberto Orrico）、拉格内达兄弟（Ragnedda）、保罗·卢奥洛（Paolo Ruaro）和路强诺·桑多内（Luciano Sandrone），还有以下机构的工作人员：阿斯蒂气泡酒酿酒研究中心（Istituto Sperimentale per l'Enologia）、都灵的国家史料库，以及阿尔巴的公共图书馆和酿酒学校（Scuola di Viticoltura e Enologia）。特别感谢罗伦佐·寇礼诺（Lorenzo Corino）、甘霸（Eugenio Gamba）、卡米尔·高瑟（Camille Gauthier）、文森卓·杰比（Vincenzo Gerbi）和阿尔比诺·莫蓝多（Albino Morando），感谢他们的好客，以及愿意拨冗接待。

感谢纽约的芭芭拉·艾德曼（Barbara Edelman），以及艾德曼传播公司（Barbara Edelman Communications, Inc.）的全体员工，谢谢他们协助本书的出版。谢谢比尔·克雷格（Bill Crager）、克里斯·金斯利（Chris Kingsley），以及艾柯出版社（The Ecco Press）的同仁克服重重困难，使本书得以付梓。

最后，我要向四个人致以最深的感谢，没有他们就不会有本书的问世：克拉拉·维斯科里欧西（Clara Viscogliosi），谢谢她替我引见安

VI

杰罗·嘉雅，并带领我参加在罗马古老的卢非依萨贝里酒窖（Enoteca Roffi Isabelli）举办的品酒会；派特·康洛宜（Pat Conroy），和我同样出身于南方的同乡作家与挚友；丹尼尔·贺本（Daniel Halpern），不仅是发行人也是位诗人，在本书岌岌可危之际出手相救，并对其青睐有加，以及我的妻子玛丽亚（Marja），我要感谢她的理由，远比浩瀚的葡萄品种还要多得多。

爱德华·斯坦伯格

Edward Steinberg

VII

∽ 译 序 ∾

　　读这本书，要慢慢地享受，因为这是一本承载了点点滴滴丰富细节的日记。

　　几年前，当我第一次读到这本书的时候，就被其内容的丰富性给迷住了。在许多章节中，我看到了那个我熟悉的意大利、我喜欢的葡萄酒世界。于是，当少庄主佳亚·嘉雅（Gaia Gaja）请我来为本书翻译中文的时候，实在是很难拒绝。明知道翻译要比自己写作更困难，但真正翻译这本书时才发现，那个过程远比想象中的还要难。结果是动用了我身边的数位高人，历时九个月，每天工作八小时才终于大功告成。

　　了解我的朋友都知道我是个挑剔的人，为什么我会搁置自己的写作去翻译他人的作品？这是有原因的。嘉雅（Gaja）酒庄在意大利酒业，甚至整个葡萄酒世界，有着独特的分量，如果说今天意大利葡萄酒受到重视，嘉雅的功劳不在话下。然而，对于这个酒庄，我怀有的不仅仅是钦佩，还有感动。

　　安杰罗（Angelo）是号人物，从他身上，能嗅到无穷的精力与战斗力，为了达到百分之百的完美，他用上百分之二百的力气，从葡萄的栽种、酿酒技术的讲究，到软木塞的挑选，为了有个理想的橡木桶，他甚至亲自风干木条。他是个眼光远而且点子多的人，最重要的是，他执著。只有理想而不执著，那理想只是空想。在采访他的时候，我

觉得就像在与高手过招，但在之后的私人午餐中，我又感受到这位身经百战的斗士，其实骨子里对他的土地、家人与他所做的——葡萄酒，非常执著。他对葡萄酒所怀有的热度和激情是少见的，同为爱酒人的我，是不可能不被触动的！

本书的作者拥有一双敏锐、犀利的眼，引领着我们在葡萄酒世界穿梭。跟着他一路逛，在皮爷蒙的山丘上、在嘉雅的酒窖里、在意大利葡萄酒的历史时光中，走着、看着。读他的文字，感觉自己好像就跟随在其左右，聆听他们的对话，时而专业，时而趣意盎然。六年前我到嘉雅酒庄的那些景象、声音与温度，甚至和安杰罗·嘉雅（Angelo Gaja）的那顿午饭，通通都一股脑儿地回来了。是的，每天当书页一翻开，我就恍若身已不在上海，一头走进了另一个世界。

在翻译的过程中，我不得不对作者打心底里佩服。对于一个非葡萄酒专业的人士来说，在资料搜集上，他要比许多业内人更敬业。我在其中学习了许多新的知识点 (这是事先没有预想到的 Bonus)，所以，想要学习葡萄酒的人，应该拥有一本这样的好书；就算是不关注葡萄酒的读者，也能在阅读时，感受到字里行间的意大利是那么地有趣。

翻译不是我的本行，这也是我第一次接手这样的工作。要把不是母语的英文译得很中文，要把葡萄酒，甚至化学、植物学与生物学等

x

专业问题译到位，还要把嘉雅与我对葡萄酒的热忱用文字传达出来，说实话，我不知道在那九个月里白了多少根头发。

当你阅读这本书的时候，我希望我们对葡萄酒的热情也能感染到你，因为，没有热情，不可能走得远；正如同若对葡萄酒不执著、不发烧，Gaja 也不会是今天的 Gaja。

一定要谢谢 Leonora，Byron 和 Pierre-Yves，因为有你们，这部中文版才得以存在。

齐仲蝉 Chantal CHI

2012年3月于上海

XI

～ 推荐 ～

当安杰罗·嘉雅（Angelo Gaja）向我提议为这本书写一段致辞的时候，我毫不犹豫地接受了：首先是因为他向我提议时的彬彬有礼，不过更是因为对嘉雅家族深深的敬意，他们是意大利热衷并不懈追求自己事业的最佳模范。

此外，本书作者爱德华·斯坦伯格（Edward Steinberg）说得也很有道理，嘉雅的历史是一个特别的例子，它叙述了意大利无数大大小小的企业的普遍发展史，即在本国生产出无与伦比的产品之后，均纷纷选择世界舞台来诠释自己高质量的产品。

在我的职业生涯中，我有幸结识了成千上万这样的企业家，除了极个别的可以忽略的特例以外，他们所有人的眼中都闪烁着一种"特殊的光芒"，代表了人类一种独一无二的特点。

我们所说的不是金钱、权力、成功，在许多情况下这些固然是企业家辛勤劳动所应得到的回报，不过，我们说的是与众不同的更高境界的东西：孩子般孜孜不倦的好奇心与实现成就的强烈愿望。

这两者同为激发艺术家创造力的杠杆，而且事实上，这两者最终会越来越相近，正如吉纳·拉哥立欧（Gina Lagorio）在本书意大利语版她那令人钦佩的序言中所写的一样："安杰罗·嘉雅……竭尽全力地想要把他的葡萄酒当作一件艺术品来推销。"

这解释了一切：对尽善尽美和独一无二的研究、弘扬传统的义务、

XII

希望赢得社会认同的愿望，不过凌驾于一切之上的是实现成就的顽强的信念，为了不让一成不变的事物阻碍我们前进的步伐。

得益于像安杰罗·嘉雅那样的许多人所付出的劳动，我们所有人和书中所描述的美籍意大利餐厅老板一样能够声明：以身为意大利人而感到骄傲。

在中国，如果你读过本书，了解"圣罗伦佐葡萄园"的历史的话，就会更好地明白意大利最好的葡萄酒背后所蕴含的意义：我们真正需要的，是想给消费者更多选择的权利。

最后，当一种产品文化变得家喻户晓的时候，质量、原产性，以及产品与本土之间的联系将成为决定喝什么酒的标准和指南，那么，我们的葡萄酒将会是自然的选择，而且会像在其他大型外国市场上一样，意大利将收获其应有的荣誉。

与此同时，还有很多辛苦的工作要做，就像种葡萄一样！

时任意大利对外贸易委员会上海代表处首席代表

付泰 Maurizio Forte

2012年3月

XIII

在酒之巔
The Vines of San Lorenzo

阒黑幽暗、静寂无声,在土壤深处,沉睡的葡萄藤逐渐苏醒。细根开始生长,吸收水分与矿物质,树液一寸寸地升高。

　　几尺之上,藤干茎节处的芽眼,嫩枝安稳地窝在软绵绵的茸毛中,由两个坚硬、色深的鳞叶保护着,等着迎接春日的温暖。芽眼胀得鼓鼓的,鳞叶掉了,柔弱的嫩枝慢慢地冒出了细小卷曲的叶片,它长得越发结实,叶片也越发茂盛。一绺绺的卷须冒了出来,小小的花束看来就像迷你的果串。

　　一个花束中有许多细小的花朵,每一朵小花皆透过花梗连到花茎,由五瓣花冠覆盖。开花时花冠呈帽状脱落,此时花蕊上的粉囊裂开,花粉落在下面的柱头上。活色生香、雌雄同株、自花授粉。单一花朵的受精卵发育成果实,葡萄就此诞生。未授粉的花朵凋萎于地。绿色坚硬的针头留下,新生的果束慢慢地开始生长。

　　突然间,这里一颗、那里一颗,葡萄此起彼落,开始转色了,仿佛猩红热、黄热病正在葡萄园里蔓延。熟成的竞赛已经开跑,葡萄颜色变深、果肉变软、汁液变甜。

　　采收工人来了,又走了。如今嫩枝已长成木茎,叶片色彩纷呈,犹如烟火,留下落地前的最后一抹灿烂,随后葡萄藤慢慢地沉入冬眠。

"说到底，"艾米尔·培诺（Emile Peynaud），当代最具影响力的酿酒学家这样写道，"无论在哪里，葡萄生长的故事都是一样的，就连波尔多也不例外。"在一块土地上栽植葡萄，到之后酿酒过程中的转变，尽管其间有无尽的可能，然而万变皆不离其宗，凡葡萄酒必经此路。

1991年10月26日

"太棒了!"一声喝彩响起。

"太精彩了!"

超过千人从座位上站起,向演讲者致敬。

台上演讲的人似乎对听众的反应感到惊讶,显得有些不知所措。若是在对街或隔壁的李察·罗杰斯(Richard Rodgers)戏院,此时应该会落幕化解台上的尴尬,但摄影机仍继续拍着。

在每排座位前的长桌上,摆着这场活动的点评纸。掌声不绝于耳,持续了有两分钟之久,评论将是佳评如潮。

这里是百老汇,但明星本身似乎有些不自在,不知如何向观众答礼;至于配角们,则置身在观众席间成千上百个酒杯及吐酒桶里。

这是纽约品酒会(New York Wine Experience),在此,农业成为一种文化(Agriculture 拿掉前两个音节就成了 Culture)。这里没有轻松的余兴节目,没有蓝布斯可气泡红酒(Lambrusco)、博若莱新酒(Beaujolais nouveau)或仙粉黛(Zinfandel)这类的东西。研讨会可严谨着呢:摇杯、闻香、品尝、研究、吐出等步骤一丝不苟。参与的人不只是学员,更是粉丝,他们热情洋溢,不逊于那些即将涌入明尼亚波利斯城,观看世界棒球大赛决赛的球迷。

两天前，在此演出的是勃艮地（Burgundy）最富盛名的酒庄，罗曼尼康帝（Domaine de la Romanée-Conti）；昨天则是澳大利亚的奔富（Penfolds）和堪称新世界最伟大的葡萄酒的葛兰许（Grange Hermitage，译注：自1990年份起，此酒名缩短为Grange）；明天将登场的还有波尔多（Bordeaux）顶尖酒庄之一的拉图堡（Château Latour）。

掌声仍然不断，这回在百老汇举行的酒神节，大放异彩的是台上这位。

不知情者若光看录影重播，大概不明白这场骚动所为何来。安杰罗·嘉雅（Angelo Gaja），身着一袭深色西装，戴着眼镜，站在讲台后方。十七年前，他初访美国时还默默无名，如今早已声名大噪。酒评人不必再对读者解释"嘉—雅"这个词的发音，以及重音该落在前面。但嘉雅从不认为这番成就乃理所当然，他总是实事求是，一切从基础开始。

演讲从浅谈意大利酒的现况开始，然后进一步介绍自家酒庄的历史。他的曾祖父于1859年在芭芭罗斯科（Barbaresco）成立酒庄，这小村位于意大利西北部的皮埃蒙特（Piedmont），在全国第四大城、意大利古都都灵（Turin）东南约三十英里处，那儿也是菲亚特（Fiat）汽车厂的总部。

酒庄规模不大，年产量约二十五万瓶，其中以内比奥罗（Nebbiolo）葡萄酿的芭芭罗斯科（Barbaresco）占了五成，内含一款芭芭罗斯科和三款单一葡萄园的酒款；其次是由芭贝拉（Barbera）和多切托（Dolcetto）等当地品种制成的酒；另外，也有少量的国际品种酿制的红酒与白酒。1993年，他们将会发布另一款以内比奥罗酿制的巴罗洛（Barolo）。自从酒庄决定不再外买葡萄之后，他们已经有三十年不曾生产巴罗洛，直到三年前，嘉雅买进阿尔巴市（Alba）另一边、巴罗洛的葡萄园。

安杰罗靠着手边的几行笔记辅助来演讲，他成年后才自学英语，所以说话速度一快就会有点不流畅。他介绍了坐在前排的两位：酿酒师吉多·里威拉（Guido Rivella），以及负责葡萄园的腓德烈克·柯塔兹（Federico Curtaz）。

从幻灯片中，我们看到了阿尔巴附近、托那洛河（Tánaro River）右岸的陡峭丘陵上绵延着葡萄藤，这一带被称为蓝葛区（Langhe），此地的松露与美酒同样驰名。山丘顶上矗立着芭芭罗斯科村的高塔，托那洛河在山脚下潺潺流过。

品酒的时刻到了，首先登场的是 1990 年的佳亚蕾（Gaia & Rey）。这款夏东内（Chardonnay 也译莎当妮、霞多丽）的白葡萄酒，是以嘉雅的长女佳亚（Gaia）和祖母蕾（Rey）的名字命名的。"售价多少？"有人问道。他回答："六十五美金。"观众们纷纷窃窃私语。接着是 1983 年份的佳亚蕾，"是这款酒的第一个年份。"他说。继而是一款 1988 年的薇妮蕾（Vignarey）。"芭贝拉以往总让人和廉价、档次低的葡萄酒联想在一起，但只要给它一个机会，悉心呵护，一样能酿出好酒。"

接下来是 1986 年的达尔玛吉（Darmagi）。谈到这款酒的典故，安杰罗第一次露出了笑容。他说当他父亲看到自家门前的内比奥罗被连根拔起，改种卡本内苏维农（Cabernet Sauvignon，也译赤霞珠）的时候，说了句："Darmagi"（译注：皮埃蒙特方言"可惜"之意），于是他索性以此做为酒名，观众听了不禁莞尔。介绍 1985 年的帝丁特级葡萄园（Sorì Tildìn）时，他说："要欣赏芭芭罗斯科，你必须热爱单宁。"观众又是一阵大笑。但他没提这款酒问世时，权威葡萄酒杂志《葡萄酒观察家》（The Wine Spectator）——同时也是品酒会的主办方，曾有如下点评："极具深度，柔顺与优雅"，很有可能是"史上最好的意大利红酒"。帝丁与圣罗伦佐特级葡萄园（Sorì San Lorenzo）、罗斯坡（Costa Russi，译注：Costa 乃山坡上最靠近平地的那一块）并列嘉雅的三大顶尖红酒。接着品尝的是年份较老的芭芭罗斯科，包括 1971、1961 以及 1955 年。1955 那年，安杰罗还只是个

7

十五岁的少年。

坐在观众席前排的麦克·布罗本（Michael Broadbent），不断地奋笔疾书，他是英国伦敦佳士得（Christie's）葡萄酒拍卖会的主席，也是酒界名人。可惜这次的品评来不及收录在他刚刚面世的《经典年份品鉴大全》（*The Great Vintage Book of Winetasting*）一书的修订版中。不过，这本书中有八页谈到意大利葡萄酒，其中称赞了嘉雅的几款酒。与长达两百八十页的法国葡萄酒相比，这或许少得可怜；但与1980年该书的第一版相比，意大利酒多了八页，已有长足的进步。

《经典年份品鉴大全》反映了葡萄酒的历史，在佳士得葡萄酒拍卖会上，法国酒占了绝大多数。早在两百多年前的1792年，布罗本的前辈便拍卖过1785年的拉图堡。六十年前，安杰罗的父亲乔凡尼（Giovanni）经营酒厂时，朱利安·史崔（Julian Street）在他那本1933年撰写的畅销书《美酒谈》（*Wines*）中，用七十三页畅谈法国酒，而意大利酒只有十页，对芭芭罗斯科更是只字未提。"对意大利人来说，那些酿酒的细节重点，是令人厌烦地琐碎，"史崔说，"意大利酒重量不重质，和法国酒相比，显得粗糙。"

一个意大利酒庄若能与法国顶尖酒庄平起平坐，就宛如亚特兰大棒球队与明尼苏达棒球队在世界大赛争冠军一样，是让人难以想象的事。当时葡萄酒界的状况，跟美国棒球界十分相似。八支队伍分属两大联盟，自1903年以来，成员就不曾变动过，而且圣路易以西、华盛顿特区以南没有任何职业球队。在葡萄酒界，这两大山头分别叫做勃艮地与波尔多。

1961年安杰罗继承家业时，情况并没有多大的改变。十年后，修·强生（Hugh Johnson）首开先河出版的《世界葡萄酒地图》（*The World Atlas of Wine*）一书中，法国酒独立成章，整整有七十二页，而仅十四页的意大利酒则被列在"南欧、东欧与地中海区"里，十分笼统，比德国酒还少了九页。

就连意大利美食评论的权威，对本国酒也不抱太大的期望。伊莉莎白·大卫（Elizabeth David）在 1963 年出版的《意大利菜》（*Italian Food*）这部经典中，建议读者品尝意大利酒时要抱着"乐观和友善的探索精神，而不是苛刻地拿来与法国酒做比较"。在威佛利·鲁特（Waverley Root）1971 年版的《意大利美食》（*The Food of Italy*）一书中，欲说意大利酒很适合意大利菜，却弄巧成拙。他说："谁会拿一瓶上好的梅多克（Médoc）来配一盘番茄酱意大利面？"这一问，反而无意间把意大利菜也给贬低了。

品酒会告一段落，喝彩声响起。在葡萄酒的世界大赛里，安杰罗击出了满贯全垒打。

从芭芭罗斯科村到百老汇，从安杰罗入行到现在，世事早已大不同。当年二十一岁的小伙子可曾梦想过，如今在曼哈顿逗留的这一连串际遇？

安杰罗在市中心一家热门的咖啡厅吃午饭，上甜点时侍者送来一瓶伊更堡（Château d'Yquem）。"那位先生请的。"侍者解释，一面朝餐厅另一头的男士点头示意，那人在底特律有间葡萄酒专卖店。

晚间他到上城东区法国餐厅用餐，这家店才刚被葛米优指南（the Gault-Millau guide）评选为全美第一。店主来到桌边致意，说餐厅另一间包厢的客人点了嘉雅的酒，听说他大驾光临，想请他在酒标上签名。

品酒会结束后，他们到城中一家时尚牛排馆吃晚饭。"他来了！"一名侍者在安杰罗踏进餐厅时大声高呼："意大利酒之王。"店主笑容满面，亲自为他带位，还问他："你打算何时竞选总统？"难不成在 1946 年公投之后，意大利要再次面临君主制与共和制的抉择？

安杰罗回到下榻的饭店，这里同时也是品酒会的会场。等电梯时，一名意裔美国人见到他便脱口而出："我的餐厅一定要订购你的酒。"说着眼眶微湿，"你今天的表现，让我以身为意大利人为傲。"

回到楼上大厅，一个美国人对一个日本人说，自己隔天要去意大利的

都灵公干。

"都灵？是哪里？"日本人问。

"你知道的，就在出产巴罗洛和芭芭罗斯科葡萄酒的附近。"美国人解释。

日本人点点头，但显然还没搞清楚方位。没一会儿，他脸上露出开怀的笑容。

"啊！芭芭罗斯科。"他边说边用力点头，"嘉雅！"

好酒能带来惊艳，而它本身就已令人惊叹。

要怎样做才能酿出绝世好酒？其中可有秘诀？

安德烈·门泽普洛斯（André Mentzelopoulos），在1977年买下波尔多知名酒庄玛歌堡（Château Margaux），酒庄从1961年后已多年没产出过好酒。他聘请艾米尔·培诺（Emile Peynaud）当顾问，说他想要酿出最顶尖的葡萄酒。

"那不怎么难，"培诺回答他，"你只需要给我最好的葡萄。"

　　最后一桶葡萄装上了车，牵引机沿着漫山葡萄藤间的丘陵小路行进。

　　对于只见过一般当水果吃的葡萄的人来说，这种拿来酿酒的葡萄让他们兴趣缺缺。一个半世纪以前，英国作家安格斯·瑞奇（Angus Reach）就嫌弃过玛歌堡的葡萄出落得不怎么样。"其貌不扬。"他这么形容，"如果在康芬园市场看到这串葡萄，你会掉头就走，心里还犯嘀咕，果贩竟敢拿过熟的红醋栗来卖给你。"酿酒葡萄不但比食用葡萄来得小，而且来得甜。不小心捏破一颗的话，两手立刻黏搭搭。与食用葡萄相比，它咬起来汁更多，但果肉比较不脆，此外皮厚肉少。

　　每种粮食作物都有许多品种，彼此间的差异可能很大。班叔叔这个牌子的米，水煮还行，但它与中国的白米都不能拿来做意式炖饭（risotto），否则会毁了这道菜，要拿卡纳罗利（Carnaroli）还有维亚诺内·纳诺（Vialone Nano）这两种米才行。

　　大多数人吃过的蔬果品种亦非常有限，更不用说那些已经绝迹的。有些品种先是退化，继而消失，比如说，十九世纪用来做英国知名的赫里福德郡（Herefordshire）苹果酒的红条纹苹果（Redstreak）。经济因素常常左右着蔬果品种的存亡，决定因素并非品种优不优秀、风味是否独特，主要

11

的考量还是商机：产量高、病虫害少、卖相好、容易采收搬运。看看有种食之无味，却叫做"摇钱树"的番茄就知道了。

英国有位土豆迷唐诺·麦克连（Donald Maclean），曾搜集了四百多个品种，但全美土豆总产量中的八成却来自其中的六个品种。谁会去报导普通土豆和稀有土豆之间的差异？又有多少消费者愿意为了稀有品种的土豆而多花钱？

很少有农作物，即便产量低又难照顾，依然有人种，而且还能卖个好价钱，葡萄就是其一。只因为好品种的葡萄，能让葡萄酒变得不凡。

其他水果也能酿酒，例如苹果或醋栗。美国最有影响力的葡萄酒作家罗伯特·派克（Robert Parker），评论过佛蒙特州（Vermont）约瑟夫·瑟尼格利雅（Joseph Cerniglia）的苹果酒，还打了很高的分数。苹果酒也因品种而有不同，但会不会有酒迷争论史密斯青苹（Granny Smith）、麦金塔（Macintosh）或君袖（Northern Spy）的品种孰优孰劣，就让人存疑了。新鲜的苹果酒十分爽口宜人，但最好在收成一年内饮用，因为它们无法越陈越香。

这批刚上路的葡萄，是葡萄属（Vitis）中的酿酒葡萄（Vitis vinifera），全世界百分之九十九的葡萄酒都由它们酿成。在美国，你还能买到以当地美洲品种（labrusca）康可（Concord）酿的葡萄酒，像曼尼沙威兹（Manischewitz）和摩根·大卫（Morgen David）这两种。梅·蕙丝（Mae West）在电影《我不是天使》（*I'm No Angel*）里有句经典台词："比莱，帮我剥葡萄皮。"看在比莱的份上，观众希望碗里装的是容易剥的美洲品种，因为酿酒葡萄的皮可难剥得很。

全世界最早开始注重品种的是美国，早在三十年代、禁酒令的后期，同时也是知名作家的美国酒商法兰克·舒恩麦可（Frank Schoonmaker）就以葡萄品种来命名他旗下的加州酒，不像法国或欧洲其他地区的酒，以产地为名。于是"品种（varietal）"一词演变成好酒的代名词，在消费者眼中，和那些败坏产地名声的廉价酒区分了开来，所以"卡本内苏维农"（Cabernet Sauvignon，也译赤霞珠）就仿佛是种代号，意味着"这酒真好，媲美波尔多"。

蜿蜒的马路通往山顶，拖车里装的葡萄是意大利境内许多酿酒葡萄中的一种。古罗马诗人魏吉尔（Virgil）有云，酿酒葡萄种类之繁多，宛如海中浪花与沙漠微尘般数不胜数。

牵引机上坐着的两个人正在聊天。就算你读过但丁（Dante）《神曲》原文、对威尔第（Verdi）歌剧了若指掌、能和土生土长的罗马人对答如流，但他们的对话你可能一个字也听不懂，这可不是因为引擎爬坡时发出的噪声，而是他们用皮埃蒙特的方言在交谈。

在 1861 年意大利统一前，意大利文不过是半岛上的第三大语言。皮埃蒙特在 1720 年后隶属于萨丁尼亚王国（The Kingdom of Sardinia），领土除了意大利的第二大岛萨丁尼亚外，还包括萨瓦（Savoie）、萨瓦高地（Haute-Savoie），以及今天法国的尼斯（Nice）。普通人日常生活多说方言，有教养的人在处理正事时则用法语。意大利统一运动的领导人、同时也是第一任首相的加富尔（Cavour），据说在学校期间法语优异，但意大利语程度不佳。他以法语演讲时铿锵有力，而用起意大利文却很生硬。当时有人曾写道："你一听就知道他是硬译的。"在新国家诞生的时刻，许多皮埃蒙特的城镇相继要求以意大利语为官方语言，其中有份决议以法文写道："这（意大利文）是我们国家的母语。"

车子经过当地人称作 Bricco（山丘之意）的地标后，葡萄园中出现了一栋红房子，嘉雅一家人住在那儿。

这条路现名都灵街。左边第一栋是卢吉·卡瓦罗（Luigi Cavallo）的家，他坐在院子里，高龄七十五的他，是葡萄园的前任总管。卡瓦罗从来没去过都灵，"我一辈子都待在这儿。"他说。直到十九世纪末，蓝葛的农民谈到皮埃蒙特时，好像那是得横渡托那洛河才能到的另一个世界。"我们要去皮埃蒙特，"他们会这么说，"在那里，他们有自己的一套。"

车开过当地人称为"广场"的地方，环绕山丘的两条路在此相会。广场通往都灵街，街道两旁是民房。至此，游客们便知道自己没走错，这里就是芭芭罗斯科，那个只有六百多人的小村。

再往上走，路的尽头是古塔，塔高一百二十五英尺。天气晴朗的时候站在塔顶看，阿尔卑斯山仿佛近在眼前，不仅将巴罗洛尽收眼底，还可以遥望都灵近郊的山丘苏佩尔加（Superga）。顺着托那洛河流水、绕过阿尔巴往下游去，能眺望到二十英里外的阿斯蒂（Asti），甚至更远。

在路的左侧，车刚经过的地方，是小小的村公所。里面有文献记载着这一地区许多的天灾与人祸。两百年前，连续三年的冰雹摧毁了葡萄园，雪上加霜的还有法国大革命与拿破仑的入侵。奥地利炮兵连曾陷在几英里外的泥浆中动弹不得，村民们不得不带着牛去把他们给拖出来。法国政府下令芭芭罗斯科村必须提供"面包、酒、军需品、稻草、四头公牛与四十四双鞋"。有位法国将军法威尼（Flavigny）甚至搜刮了村里所有的钟，熔了去铸大炮。之后，总算有桩喜事，结果却乐极生悲——1821 年 10 月 1 日，为了欢迎意大利国王维托里奥・埃马努埃莱一世（King Vittorio Emanuele I）莅临蓝葛，燃放的礼炮却摧毁了芭芭罗斯科的塔顶。

卡车在右手侧、三十六号门牌前，朝着巨大的金属红门按喇叭，门在吱嘎声中缓缓打开，车往里头开了进去。

酒庄的院子里，有人用皮埃蒙特方言大叫："我们又不是在讲协和号飞机，也不是日本的高速火车，我要的只是一台能用的影印机！"在大门左边，安杰罗正在矮木屋附近和另一个人说话。那栋矮房子就是酒庄的办公室。安杰罗身穿彩色毛衣和牛仔裤，嘴角的浅笑让他整个人看起来没那么紧绷。

院子中央，右手边上，吉多·里威拉身着灰色罩衫，守在紧邻着酒窖阶梯的大槽旁，等着接葡萄。他温和的脸庞比平时更显清瘦，那是每年收成季节里所要付出的代价。

在院子的那一头，两个人倚着栏杆交谈，往下看有个平台，那儿也是酒窖最底部的一层，下面的斜坡便是葡萄园。其中一人是奥多·瓦卡（Aldo Vacca），三十出头，负责接待访客与联系国外事务；另一人是安杰罗的父亲乔凡尼（Giovanni），人们尊称他为"测量家"（The geometra），乃因在安杰罗接管酒庄前，他经营酒庄之外还兼差。不过，测量家不是几何学家，而是土地测量员兼建筑师的专家。

年过八旬的乔凡尼依然充满活力，他还记得六十年前庭院的样子，那时它分属于四个不同的地主。

他和奥多站着的地方，当年是树林和草地。庭院紧挨着山腰，四十年后为了扩建地窖而开凿了斜坡。在庭院中央，有个收集雨水的储水槽，因为在 1964 年之前，芭芭罗斯科没有自来水，直到乔凡尼担任村长六年后才开始供应自来水。庭院另一边，吉多对面的储藏间，原本是乔凡尼的父亲——安杰罗一世养骡子的地方，当年外买的葡萄都是由骡子运回酒庄的。现在的办公室是嘉雅家以前的住所，奥多的办公室原本是厨房，安杰罗的办公室则是另一户住家，至于现在装了滑门的入口，从前是面街的一栋小屋。

卡车停下来，朝吉多倒车，奥多和乔凡尼走上前来，奥多拿起一颗葡萄来尝。"看起来真棒，"他说，"1985 年以来最好的。"

1985 年份刚问世的时候，两个德国顶尖的葡萄酒评家，艾尔明·戴尔（Armin Diel）与乔尔·佩恩（Joel Payne），曾有如下评论："结构多样、高度萃取，果味浓郁、丰厚慑人，余味绝佳。"罗伯特·派克则形容："有异国风味，层次复杂令人赞叹。"至于酒香，他写道："让人联想到，若将罗曼尼

15

康帝（Romanée-Conti）与木桐堡（Mouton-Rothschild）混合的话，可能就是如此风味。"

　　"这是什么葡萄？"乔凡尼问。

　　"内比奥罗，"奥多回答，"圣罗伦佐特级葡萄园的。"

1988年10月27日

从山谷对面的法赛特（Fasèt）看过来，圣罗伦佐特级葡萄园就像一座很早亮起、很晚熄灯的舞台。在这儿，你首先要懂当地的一个方言词"sorì"，意思是"朝南的坡顶"，这也是日照最充分的斜坡（译者注：最好的葡萄园，相当于法国特级葡萄园的等级）。相对来说，这里属于北方气候，纬度与波尔多相当，比纽约更北，加上海拔高度超过八百英尺，可以供给晚熟的内比奥罗所需要的更多日照。

和其他果树相比，葡萄藤对地点非常讲究。在葡萄酒的世界里，"土地"这个词汇有许多细腻之处。

十七世纪的英国哲学家约翰·洛克（John Locke）就曾直言土地的重要性，他很惊讶，仅仅一条小渠之隔，就让波尔多的侯伯王（Haut-Brion）与相邻的酒庄分出高下。法国作家柯蕾特（Colette）也如此抒情地描写："葡萄藤体验了土地的奥妙，然后透过果实来传达，让人们品尝到土壤所赋予之堂奥。"

品种与产地，孰轻孰重？这就像婚姻，应该是两者结合、相互升华。一百多年前，罗伯特·路易斯·史蒂文森（Robert Louis Stevenson）记述过当时没有配对传统可以参考的加州纳帕谷，为葡萄品种寻找合适土地的试验过程。"每个角落都试种过不同的品种。"他在 1883 年写道："这个失败了，那对儿有进展，第三个成果最好。"好几个世纪前，西都会（Cistercian）僧侣也曾在勃艮地进行过同样的试验。

圣罗伦佐面对着开阔的山谷，通风良好，因此免于气候的过湿过热，以及随之而来的腐坏危机。它的右边是由水坝形成的托那洛人工湖，正好流经葡萄园，起到了调节温度的作用；此外，山顶替葡萄藤阻挡了寒冷的北风。即便不是专家，也不难看出这些地形的特点和重要性。

但还是有些细节令人费解。圣罗伦佐的葡萄藤是顺着山坡弧度走向种植的，但相邻的其他葡萄园却是垂直栽种，而且行距比较近；如果你仔细瞧的话，叶子也不一样，圣罗伦佐的葡萄叶嫩绿且十分繁茂，靠托那洛湖的那一块则光秃秃的，显得特别突兀，而对面山坡上的葡萄叶颜色则非常青绿。

1988年10月28日

腓德烈克蹲下来，拾起一块刚翻松的泥土。

他惊叹："这贫瘠的土地，是无价之宝。"

这块葡萄园是以守护神"圣罗伦佐"为名的。圣人熟谙悖论，应该能够理解这话的涵义，而且他在天上应该会不时地眷顾这片土地。圣罗伦佐曾任教会的司库，当罗马的行政官要他缴纳出教会的宝物时，他集合了一群穷人与病患，带到大官面前说："这就是教会最宝贵的东西。"

葡萄酒也许在品酒的诗篇里画下句点，却在土地的大块散文中展开。看着腓德烈克笑容满面的表情，你会以为他看到的是金块，不然至少也是此地闻名遐迩的松露。当他谈到土地时，就像酒迷讨论着波亚克（Pauillac）与波美侯（Pomerol）之间的差异，一样地兴奋。

腓德烈克还不到三十岁，在法国与瑞士边界的奥斯塔山谷（Valle d'Aosta）出生，但有一段童年时光在附近的阿斯蒂度过，那里是他母亲的家乡。学生时代，早熟的他参与了七十年代激进政治与意识形态的对抗。1983年他到酒厂时，安杰罗曾这样对他说："你要是想找麻烦，我们奉陪。"

不过剑拔弩张的场面从未上演。回顾自己成为葡萄园园丁的年轻岁月，腓德烈克摇摇头，叹了口气："我现在觉得，十六岁的人应该把时间花在舞厅里才对。"

他的父母靠着基本的农耕糊口，土地是腓德烈克生命的一部分，但他的思维观念和父母不同。从专科学校毕业后，他在威尔斯（Wales）一家农场工作，负责栽种蛇麻草与南瓜。他常到伦敦，"旅游才是真正的学习。"他说。萍水相逢的异乡人和涉足过的博物馆，都在他的人生里留下了印记。

在葡萄园里工作的人，是被遗忘的一群。领头羊的酒庄犹如明星，顶尖的酿酒师不只让酒成名，自己也同样声名鹊起，而照料葡萄藤的人，则离聚光灯十分遥远。

"你不能抱着拿多少薪水干多少活儿的心态来做这份工作。"腓德烈克说，他今年不得不放弃休假，因为春季恶劣的气候使得葡萄园里的工作大幅落后，他只好利用夏季来追赶进度。"眼光要放得远，现在的付出往往要好几年以后才看得见。"

腓德烈克用手剥开泥块，利落地一分为二。"就跟橘子一样。"他笑着说。他的努力，渐渐看得见成果了。

在门外汉的脚下，葡萄园的土地不过是用来行走的，他根本不会去思考土壤底下埋藏了什么。

"结构是最重要的，却很少有人在意。"腓德烈克的声音十分激动。顶级葡萄园里的葡萄藤宛若植物国度里的贵族，但是，他们与平民百姓有着同样的生理需求。结构决定了土壤如何调节水与空气这两个最重要的元素。

土壤的结构和质地息息相关，这牵涉到其中沙砾、淤泥与黏土的比例。沙砾的粒子最大，黏土最细，淤泥则介于两者之间。结构指的是这些粒子间的聚集及组合。不管是质轻的沙砾，抑或是质重、含大量黏土的土壤，因为它们都没结构，所以无法在腓德烈克手中被一分为二。黏土遇水膨胀，气孔紧闭，就无法排水，导致水在葡萄藤根部淤塞，造成缺氧。沙砾则留不住水分，若干旱期过长——这情形在芭芭罗斯科很有可能发生，葡萄藤会停止生长，甚至死亡。我们真正需要的是"张力"——这也是腓德烈克最爱挂在嘴边的词汇之一。

"既能排水，又能储水。"腓德烈克吟道，"这是个叠句。"他似乎没发现自己讲起英文很押韵。

"圣罗伦佐的土壤含有百分之十的沙砾，百分之二十的粗淤泥，百分之四十的细淤泥，还有百分之三十是黏土。主要是淤泥让土质达到了平衡。"他解释。

腓德烈克有个采样棒，用来测量土壤的深度，并可抽取不同土层的采样。他把棒子插入土中，深到不能再深，刻度显示为二十八英寸。在采样棒底部的土壤十分紧密，含有少量石灰岩。他走到另一条小径，沿着斜坡往下走了几排，这一带的葡萄藤枝叶较茂密，枝干也粗些。他将棒子再次用力往下钻探，这次深达三十二英寸。

"对葡萄藤而言，这里的诱惑太多了。"他略带调侃地说，"就跟人一样，冰箱里的食物越多，人就越胖。这里的土壤肥沃，所以葡萄藤很有活力。"

他说"活力"两个字的口气，好像这个词难登大雅之堂，没资格在葡萄栽植的专业术语中占一席之地。"柔弱"才是值得夸赞的词汇。柔弱才是力量。

有些父母因为把精力花在工作上，导致疏于照顾孩子。葡萄藤若是过分茁壮、生长期拉得太长，原本供给果实的养分便会减损，果实因而比较晚熟，果皮脆弱所以无法抵御病害，茂密交缠的葡萄叶反而会添麻烦；此外，果串越大，味道就越淡。

葡萄藤的生长活力，可以从两方面来观察：一是幼芽在一个季度中的增长；二是枝干的粗细，两者都能计量出来。

腓德烈克检查叶片的模样，既像良医又像慈父。"圣罗伦佐里的葡萄藤状况很平衡。"他语带激赏地说。这里有些葡萄藤的年纪比他还大，而植物就和人一样，随着年岁增长，活力也会衰退。说起安杰罗最近买下巴罗洛附近的塞拉龙加（Serralunga），腓德烈克立刻瞪大了眼，语气也变得激动起来。他打算全给拔了。

"对内比奥罗来说，那块地太肥沃，几乎跟加州的差不多。"提到"加州"时，他的语气既惊叹又有些不屑。"几年前我去过加州，那里的葡萄藤跟树干一样粗！"一面说还一面用手比划着大小。他摇摇头，"那样的葡萄藤就像拳王麦克·泰森（Mike Tysons），四肢发达却少了细腻。"

生长活力主要来自水与氮，控制两者就能控制长势。

腓德烈克拿出一张他刚收到的分析报告，上面标明了以氮含量来界定土壤的"贫瘠"、"适中"或"肥沃"。低于万分之十二是贫瘠，圣罗伦佐特级葡萄园的氮含量只有十万分之七十三。根据实验室的说法，这种土质属于赤贫，建议采取速成的大量施肥法。

"这是给其他农作物的建议标准，"他嗤之以鼻，"对玉米来说 OK。"

平衡才是关键。"修枝剪叶并不等于不供给营养。"腓德烈克皱起了眉头，"有些葡萄酒作家一直强调要让葡萄藤受苦才好，这让人以为那些葡萄栽种学，是有虐待倾向的萨德侯爵（Marquis de Sade，译注：sadism，虐待狂一词即由其名而来）写的。"他顽皮地一笑，"你知道，我也读过他的东西。"

他手指向托那洛河对岸的斜坡。"拿那边的葡萄园来说吧！叶色青绿是因为施了大量氮肥的缘故。"他转过身，头往托那洛河这一边看，"这块不属于我们的葡萄园之所以提前落叶，是因为过度剥削导致营养不良。"

在每排葡萄藤之间，腓德烈克种了蚕豆和巢菜等豆科植物，根据古罗马博物学家老普林尼（Pliny the Elder）的说法，套用十七世纪的文雅翻译，就是他们"既种既耘，地可使肥"（译注：参考《诗经》中农事诗《甫田》的语法改写而成）。按照腓德烈克的说法，就是豆科植物能"少量但适量"地提供氮肥。营养师对这类"绿色肥料"称许有加。晚春开花时，将草割下，埋入土壤中，分解成腐殖质。在保持土壤结构的这场奋战中，腐殖质可说是腓德烈克旗下的一支雄兵，它使土壤成分聚合在一起，同时允许水与空气渗透、流通其中。

"有机物可说是解决各种土壤问题的良方。"

腓德烈克骄傲地宣称，他刚在邻近的农场找到绝佳的堆肥来源。如果说他兴奋的程度不及中了大奖那样欣喜若狂，但也相去不远了。随着附近家畜数目的减少，获得肥料越来越不容易。有些堆肥好，有些差。现在有太多东西加了抗生素，用来杀死细菌，但有些细菌却与土壤的健康攸关（腓德烈克之所以兴奋，是因为他新发现的农场，没有在牛饲料中添加抗生素）。除了要知道饲料中掺了多少的干麦秆（译注：堆肥乃混合了动物排泄物及干麦秆），还要特别留意猪粪肥，那简直是氮肥炸弹。

跟着腓德烈克一起参观葡萄园的人，此时会希望自己没那么浅薄，只看表面。

这位精通土壤符号学的专家，指着个从地底浮现的符号开始解说起来，那是一块接近地面、葡萄藤干上的凸起。现在，我们越来越听不懂腓德烈克说些什么了，不是他改说了方言，而是因为其中有太多的术语和符码："420A"、"Kober 5BB"、"S04"……总之，由于欧洲贵族葡萄无法自力更生，必须仰赖卑微的美国移民葡萄藤的支撑才能存活，而那个凸块正是嫁接的痕迹。

话说 1860 年前后，夹藏在植物样本中的蚜虫，搭着美国轮船偷渡，在法国登陆，就此肆虐欧洲各地葡萄园，把葡萄藤根啃噬殆尽。这批肉眼看不见的掠夺者所向披靡，酿酒葡萄濒临绝种的厄运。最后的解决之道，也是最"根本"的办法，就是将欧洲葡萄嫁接在有免疫力的美国砧木上。

这种做法在当时引发激辩，专家们意见分歧。这么做会不会有什么传染病，比如说类似性病的传染病？又或者，这些外来的品种可能带进其他的病虫害？

　　1881 年，意大利政府成立了一个实验苗圃，培育美国砧木，并指派多米齐欧·卡瓦萨（Domizio Cavazza）为负责人。康瓦萨当时刚成立了阿尔巴的葡萄栽植与酿酒学院，他也是日后芭芭罗斯科酿酒合作社的主要推手。为了审慎起见，苗圃被隔离在基度山岛（Montecristo）上。即使如此，依然无法止息反对的声浪，不久之后，政府只好下令结束苗圃。

　　这些恐惧并非空穴来风，当时新的病害——霜霉病（Mildew）也跟着移民而来的美国藤，一块儿溜进了欧洲大陆。不过，嫁接的趋势已经锐不可挡。

　　关于嫁接最深的恐惧是，与平民联姻后，可能降低欧洲贵族葡萄的品质。但这些美国品种表现良好，他们被埋在看不见的土里，身居幕后默默地支持着亲家，和果实没有接触，娇贵的酿酒葡萄得以保持王室的血统。

　　这段横跨大西洋两岸的联姻，成功地抵御了蚜虫害，是历史上数一数二的佳话。十九世纪的北约组织——北大西洋移植行动（North Atlantic Transplant Operation）的势力日益壮大。上亿的美国葡萄砧木深植欧洲的土壤中，而欧洲苗圃每年又培育出上百万的替代品种。

　　但不是每个跨海联姻都有美好的结局，许多外来品种无法适应新环境，有些怨偶发现彼此并不适合。

　　卡瓦萨曾指出，"美国品种的根显然较细，但较坚韧，不易剪断，也难以连根拔起。简而言之，就是比咱们欧洲品种来得强壮。"但没那么显而易见的是，每个品种间的契合度不一，而且对欧洲各地的适应度也不同。"他们一面要求生，一面还得对抗蚜虫！"卡瓦萨如是说。

　　美国葡萄的生长环境相对于欧洲来说更肥沃、潮湿，活力比较低的品种对蓝葛区的石灰质土壤适应不良。最常用作嫁接砧木的美国葡萄有三种，分别是 riparia、rupestris 与 berlandieri。riparia 生长势头最弱，难以适应石灰岩地质；berlandieri 对石灰岩地质适应良好，但生长势头太强、生根力又太弱。rupestris 的生根力强，最能抵御干旱。除了这几点重大差异之外还有更多，但在当时尚不为人知，因此一视同仁地嫁接总是失败。

最终的解决方法是杂交，通常选用两个美国品种，少部分为美国种与欧洲种的混合。腓德烈克说的那些专有名词，指的就是杂交的砧木。S04 是什么？出自德国奥本海姆（Oppenheim）实验室的四号品种；Kober 5BB 呢？则是由研究员可博（Kober）培育的品种。芭芭罗斯科最常用的两种砧木分别是 420A 和 Kober 5BB，两种都由 riparia 和 berlandieri 杂交而来。

嫁接葡萄的优点很多：你可以依照葡萄与土质的需求，量身定做适合的砧木，还可借此控制活力。原生酿酒葡萄的根部肥厚，根系发达，活力也比较旺盛。这也是在十九世纪蚜虫肆虐之前，栽培界对施肥普遍有负面看法的原因。而美国加州蒙特里郡（Monterey County）的葡萄农栽种了上千英亩的原生酿酒葡萄后，也面临了同样棘手的问题。

〔尤有甚者，他们还发现自家也受到蚜虫病的侵害。就连颇负盛名的纳帕（Napa）与索诺玛（Sonoma）也无法幸免，当地葡萄农发现，高达六成五的葡萄园必须重新种植。1985 年，加州大学戴维斯分校（The University of California at Davis）发现蚜虫的变种——Biotype B 以不可思议的速度侵害并摧毁了 AxR#I，这是 rupestris 与酿酒葡萄阿拉蒙（Aramon）杂交的砧木品种。由于其中含有欧洲葡萄的基因，因此抗病力远不如美国品种杂交的砧木，它甚至对没变种的蚜虫 Biotype A 的抵抗力也很弱。这个品种尽管生命周期较短，但因为产量高，依然备受葡萄农的青睐。〕

对别的酿酒葡萄来说，嫁接虽是个冲击，也算是解决之道，但对内比奥罗而言，嫁接这档事早就司空见惯。葡萄园进行栽种或种新藤时，裁剪是必经的步骤。在冬眠期，一年生的枝蔓就该修剪，剪成每段有两个以上芽眼的短茎。在蚜虫病泛滥之前，这些短茎都未经处理、直接扦插。然而内比奥罗的活力带来许多问题。罗伦佐·范提尼（Lorenzo Fantini）是当年蓝葛区的测量家，我们今日多仰赖他的著作，才得以了解十九世纪下半叶，这一带的葡萄种植与酿酒情形。他写道："内比奥罗要五六年后才开始结果，但大多时候猛抽新芽却不结果，因此，葡萄农放弃内比奥罗，改种多切托与莫斯卡特洛（Moscatello）这两种活力低的酿酒葡萄，等到第四年，再将内比奥罗嫁接在这两种葡萄藤上，同年就可以坐享其成。"

腓德烈克露出会意的一笑。

"这就是内比奥罗生命力的故事。"他边说边检视另一个土块，"只有在圣罗伦佐这块贫瘠之地，内比奥罗才得以彰显其王者之尊。"

对葡萄酒国度的信徒而言，顶级葡萄园犹如圣地；但你若在 1964 年前来圣罗伦佐朝圣，只怕会因为目睹圣土遭亵渎而感到悲哀。

这块葡萄园原本只是山坡农场上的一块无名地，由佃农经营，收入则缴给阿尔巴的教堂。乔凡尼·嘉雅买下这整片地后，人们沿称马苏维（masuè），在当地话里意思是佃农。

现在，以阿尔巴的守护神圣罗伦佐为名的斜坡上，有条卡车进出葡萄园的小路，在五十年代的详细地图上名为蒙塔街（Strada Montà，意思是上坡路），它上通村庄，下达有"芭芭罗斯科港"之称的托那洛河渡口。当时渡轮日夜开航，是过河最快的方法，不只行人，带着牲口的农夫和货车也搭渡轮。路的两旁种着橡树、榆树和白杨木。吉多·里威拉对沿途景致记忆犹新，为了探望住在对岸的祖父，他经常走这条路。

如今整个山坡都种满了葡萄，但在 1964 年之前，这里还只是一大片草地，供当地农户放牧牲口，那才是当时主要的经济来源。安杰罗说："牲口就像是佃农的小猪扑满，需要现金时可以拿来卖钱。"草地上还种了榛树和其他果树。

在葡萄园里也会混种其他作物，从六十年代起就跟着安杰罗的皮埃特罗·罗卡（Pietro Rocca）解释："以前都是自耕自食。葡萄是次要作物，小麦是主角，那才是保证一家温饱的面食来源。"1964 那一年，安杰罗除了采收葡萄，还找了二十个人帮忙收割超过十吨的小麦。

在过去，佃农制度在芭芭罗斯科十分普遍。三年后乔凡尼买下了龙卡列德（Roncagliette）农场，其中包括了今日赫赫有名的葡萄园：帝丁与罗斯坡，当时的情形很令人气馁，罗斯坡甚至完全不种葡萄。

"整块地就像废墟。"安杰罗说，"原地主是一位菲亚特汽车厂的工程师，老是抱怨这块地花了他很多钱。而他的佃农则埋怨，说自己要去表演杂耍才能维持生计。没人想过在这块地上多花一里拉意大利币。"

当年在芭芭罗斯科，种葡萄不是什么光彩的事，贵族葡萄和庶民作物，甚至与小牛们挤在一块儿，也很稀松平常。为什么圣罗伦佐这块无价的贫瘠之地就这么荒废了？

天气好的时候，从芭芭罗斯科可以清楚地看见阿尔卑斯山，在山这边的葡萄简直是生不逢地。山后的法国，植物才能各得其所。十九世纪曾有法国农学家提倡"蔬果的自由、平等与博爱"，但在顶级葡萄园里，这根本不可能，就算是最小的杂草也休想和葡萄藤争水分和养分。谁能想象罗曼尼康帝种玉米，或者是拉图堡种小麦做面包？

所谓好酒指的是法国酒，年份波特酒（Vintage Port）算是少数的例外。古罗马军团将葡萄的栽种引进法国，但当现代葡萄酒在十七世纪下半叶露出曙光时，意大利则远远被抛在后面。

在此之前，酒与一般农产品一样，很少强调产地的重要性。不管是哪年生产的酒，只要新年份一上市，之前的酒就立刻暴跌，因为它已差不多变成了醋。

葡萄酒从酒精饮料摇身一变，成为某种"体验"，乃有几项因素：坚固的圆筒瓶、能密封的软木塞、波尔多的顶级酒庄，以及望酒若渴的新贵市场英格兰。伦敦是主要消费市场，足以左右酒的价格。一直到1950年左右，在波尔多还可以听到人们说："如果伦敦的八月天气好，那么酒会卖得不错。"

法国酒垄断英国市场的情形可以追溯到1152年，亨利二世（Henry II）与阿姬坛女公爵（Eleanor of Aquitaine）联姻后，波尔多成了英国皇室的属地。1660年代，乃现代葡萄酒的新纪元，阿诺·德彭塔克（Arnaud de Pontac）推出第一款以酒庄名号贩售的波尔多酒——侯伯王（英国作家约翰·洛克曾在1677年造访）。彭塔克是波尔多有影响力的公众人物，也是驻英大使。这款酒在主顾间打开了知名度，正是这些人创造了市场需求，他们不仅懂酒、买得起酒，还能透过口碑影响他人。知名日记作家山谬·派比（Samuel Pepys）笔下的"Ho Bryan"——侯伯王成为其他法国酒庄的开路先锋。

法国树立了国际葡萄酒的典范，波尔多和勃艮地甚至成了形容色泽的代名词。意裔美籍歌手法兰克·辛纳屈（Frank Sinatra）有首歌唱道香槟提不起他的劲，却提都没提老家的阿斯蒂气泡酒（Asti Spumante）。法国酒再阳春，只要酒名耳熟能详、沾了贵族气也能熠熠生辉；反观意大利酒，就连顶级酒也会因为和蓝布斯可气泡红酒扯上边，而遭到拖累。

英法战争期间，英国对敌方进口商品课征歧视性关税，并寻找替代酒源，这也是波特酒得以在酒界立足的关键。十八世纪初，芭芭罗斯科的邻居巴罗洛，也有过类似的机遇。根据都灵收藏的国家文献，英国酒商有意购买巴罗洛，但如何把酒运到客户手上却成了问题。此地没有能运送大木桶至尼斯港的道路，虽然热那亚共和国（Republic of Genoa）境内往港口的交通比较方便，但太重的税金却让葡萄酒价钱高得没有市场。

意大利在地理上孤立、政治上又不统一，这些因素决定了芭芭罗斯科的命运。蓝葛区仍旧落后，农民生产的酒只能在当地销售。

葡萄酒如果缺乏国际市场，就像舞者或音乐家只能在家乡父老面前演出，缺乏竞争与批评，难有提升。法国酒之所以胜出，不只是因为地理位置与市场营销，酒的品质也是重点。

在乔凡尼·嘉雅买下圣罗伦佐之前，罗伦佐·范提尼（Lorenzo Fantini）对此地的未来发展丝毫不感讶异。他掌握了蓝葛区的葡萄园与酒窖的第一手资料，比一般葡萄农更宏观。他的主要著作《库内奥省葡萄种植与酿酒》（*Enology and Viticulture in the Province of Cuneo*），从 1880 年初开始撰写，直到 1895 年还在不断增添内容，在那份不曾付梓的手稿里，原本优雅的笔迹已变得模糊难辨。

十九世纪中叶，范提尼写道："酿酒业的情况悲惨，方法仿佛倒退至诺亚方舟时期。"原因是"毫无买卖可言，"这是由于"缺乏对外交通干道"，两者成了恶性循环。"在那个年代，出口简直是天方夜谭，因为没有买主，许多酒农只好自己把酒喝完，这也可以解释，为什么我们祖父辈在帮朋友倒酒时特别慷慨！"

他指出之后的情况渐有改善，但认为库内奥省产的酒"仍然无法与阿尔卑斯山另一边的邻居媲美"。

与范提尼同年代的欧大维（Ottavio Ottavi）的批评更不留情，来自附近的卡萨莱蒙费拉托（Casale Monferrato）的他，是意大利第一本葡萄酒刊物的创办人，撰写了许多有关葡萄栽种与酿酒的资料。"目前我们酿的好酒很少，劣酒很多，最多的是醋。这是不容否认的事实。"雪上加霜的是，好酒的品质不稳定。"这瓶可以进贡给教皇，甚至是教皇保罗三世（Pope Paul III）都没问题，另一瓶却只适合拿来煮甜椒。"

范提尼强调，佃农制度是这个时期缺乏进步的主因。"一个优秀的葡萄佃农，简直如凤毛麟角般不可得。而把一切交由佃农打理的地主，自然也无意投资加以改善。"

由于经济不稳定，就算在最好的葡萄园里也会混种其他作物。人类最大的恐惧就是没有足够的粮食，农民不愿只种葡萄，而想"每种东西都有些收成"。范提尼说这是农民们"不愿把鸡蛋放在同一个'葡萄'篮子里"的心态所造成的。他记述了芭芭罗斯科一带，有个农夫在葡萄园里试着留出几排地，完全不种其他的农作物。

"结果出人意表。这几排所结的果实和园里混种其他作物的葡萄有如云泥之别，因此隔年他不种小麦只种葡萄。然而这个决定让他悔不当初，所有人，包括亲朋好友都恨不得拿石头砸他，于是他只好回头再种小麦。"

欧大维也谴责这段"酒神巴克斯（Bacchus）与谷神席瑞丝（Ceres）的婚姻"，造成彼此在水分和养分上的争夺战，葡萄藤遭到遮蔽，变得潮湿，让维护工作变得更困难。欧大维与范提尼两人都力劝农民，将葡萄与其他作物区隔，却徒劳无功。根据农工商部的数据，1896 年间，阿尔巴地区有百分之九十九点五的葡萄园都混种着其他作物。

法国在各方面都遥遥领先。1910 年，芭芭罗斯科一名年轻农民皮埃特罗·穆索（Pietro Musso）从土鲁斯（Toulouse）写信给他父亲，描述了当地为新葡萄园整地所采用的高科技。"他们用大型滑轮拖曳着大犁整地，不像我们家乡只用锄头挖地。整片地以大型机具彻底翻掘，没几天就可以开始栽种了。"父亲告诫他回到芭芭罗斯科后别四处宣扬："没人会相信，而且我们会成为村里的笑柄。"

那不是个适合追求进步的年代。第一次世界大战造成重创，芭芭罗斯科村公所外头，有个大理石石匾，上面刻了五十四个姓名，献给村内"为国捐躯的英勇子弟"。墨索里尼（Mussolini）"为粮食而战"的口号，是法西斯主义自给自足的幻想，这也导致农民在葡萄园里种植更多的农作物。第二次世界大战期间，一如二十五年前，芭芭罗斯科的农民被派往遥远的战场，而小村也卷入了战争的风暴。

虽然为时短暂，在卡瓦萨成立酿酒合作社之后，芭芭罗斯科的酿酒业看似前途光明。但整体而言，五十年后的情况并无太大改变。范提尼对于整体情况的分析依然准确："当时经济最重要的元素乃劳力，但鲜少能看见它与其他两项重点——资金与商业概念，结合并用。"

在酒之巅
The Vines of San Lorenzo

1989年1月23日

以前的品酒室成了临时的办公室，安杰罗一面打电话，一面往外望。院子那头停了辆瑞士牌照的宝马。衣着优雅、头发花白的车主坐在办公室里。

一个建筑工人从庭院栏杆那儿朝着下面的人喊。每当办公室门打开，敲打和钻孔声与冷风一起灌进来，显得更清晰可闻。

买进塞拉龙加的葡萄园后，酒窖显得小了，办公室也拆除改建。酒庄正在进行扩建地窖的工程，两台大型起重机矗立在酒庄和小镇的上方。

电话的那头一口英国腔。奥多·瓦卡拿了一张传真走进办公室。"伦敦来的访客星期二会到。"安杰罗低声告诉瓦卡，他一面继续听电话，一面开始看传真。

新的一天开始了。

离阿尔巴约六英里的一个小村，安杰罗在那儿出生，并且住到1963年。他经常在周日或逢年过节时，到芭芭罗斯科参加家庭聚会；秋天开学前，住的时间会长一点。他记得圣诞节"雪深到无法走出家门"。有位叔叔总爱揶揄他的父亲："只要口袋里有一点闲钱，你会全花在酒窖里的酒桶和其他设备上。"

祖父安杰罗一世1944年就过逝了，他对爷爷的印象很模糊，但对祖母克罗迪蕾（Clotilde Rey）的印象深刻。奶奶出生在距法国边境只有三英里的小村，她受过教育，打算当老师。是她把教养文化带进家里的，而且对酒庄颇有远见，孙子多少算是承其衣钵。她拿嫁妆买了一小块葡萄园，并鼓励安杰罗的爸爸买进更多，而且坚持要最好的。她一手掌管酒庄的经营，从管理账目、顾客往来，到通信联络全部包办。安杰罗记得最清楚的是，她不断灌输他品质至上的观念，"就像个传道者。"他这么形容。

回想起她的一些老规矩，安杰罗脸上流露出打趣的神情。"秋天时，她会把一批葡萄放到一边，在复活节前谁都不准动，等一家团圆时，她才得意地拿出已经烂了大半的葡萄。"祖母的节俭是出了名的。"她不是吝啬，她是节省。"安杰罗解释——在他再熟悉不过、什么消费都靠信用卡的时代里，两者之间的差异已经没什么太大涵义。他停了一下，陷入回忆："她来自偏远的山区，那里什么都缺。也许她只是不懂如何享受自己拥有的一切。"

1961 年克罗迪蕾过世时，嘉雅已经是芭芭罗斯科的翘楚，是少数会将自家某些葡萄酒装瓶的酒庄。在阿尔巴和巴罗洛的大酒商，会帮芭芭罗斯科的酒作些"调整"，意思是掺进较差的年份，或较差的酒款如芭贝拉。"爷爷和父亲的酒里，只会有标签上标示着年份的芭芭罗斯科。"安杰罗说，"他们讲究的是品质。"

之所以能够坚持原则，是因为安杰罗的父亲另有职业和收入，不必仰赖酒庄。差的年份以桶装的方式外卖，好的年份价钱开高些，就算不能一下子卖光也不用担心。

嘉雅在芭芭罗斯科已算顶尖，可是出了那儿，就算不上什么了。酒主要还是在皮埃蒙特销售，装在没酒标的大酒瓶里直接卖给顾客。但安杰罗的眼光比这远，他不是小地方来的，他可是在阿尔巴长大的。

五十年代初，阿尔巴是库内奥省内工业最落后的城镇。但到了五十年代末，局面完全改观，两位白手起家的实业家，让当地工业快速崛起，提升到国际水平。

费列罗（Ferrero）现在是欧洲第二大甜点制造商，在阿尔巴的总公司有三千五百名员工，另有五千多名员工遍布全球。皮埃特罗·费列罗（Pietro Ferrero）1946年从一间小糕饼铺起家，他想出一个主意，发明一款"大众的巧克力"。在战后物资短缺的年代，他把榛果酱和少量的可可粉混和，成本只要真巧克力的五分之一。在经历五年战争后，意大利的老饕们对甜品的渴望更加强烈，这点也忠实地反映出能多益（Nutella）为何大受欢迎。到了1951年，费列罗已有三百名员工，1961年增加到二千七百名。另一家发迹过程也很相似的当地企业米罗利奥（Miroglio），现在已是意大利五大纺织集团之一。

五十年代的阿尔巴是意大利经济奇迹的橱窗。人口从一万六千人增加到两万一千人，就业率增长了三倍。通往世界的窗口已经打开。安杰罗在此成长的过程中，嗅到了与芭芭罗斯科截然不同的气息。

经济奇迹与酿酒业有直接关连。阿尔巴的快速发展造成的营建热潮，对乔凡尼而言意味着商机。他比以往投入更多的资金收购葡萄园，最后总计买进了一百二十五英亩。

1960年，安杰罗从阿尔巴的葡萄酒学校毕业。他入行的时机正好，六十年代是全世界精品葡萄酒消费与生产的转捩点。就连波尔多，在五十年代也是一片萧条。一位顶尖酒庄庄主说："整个梅多克都在大拍卖。"1963年，拉图堡出售给英国企业，有人愿意花大钱买酒庄并加以翻新，此举为酒业复兴的迹象。1966年，罗伯特·蒙大维（Robert Mondavi）在纳帕谷成立酒庄，同年佳士得也重新举办葡萄酒拍卖会。这两件事也是酒界景气复苏的众多信号之一。酒价稳定攀升，革命已经开始。

一股旅行的冲动促使安杰罗前往伦敦，他在当地的速食店打工，搭地铁上班、卖鱼排配薯条，他说这是一堂"实用的人生课程"。接下来的十年里，他经常出国，尤其是去法国。

"到了国外，我才理解，意大利根本不存在。"他略作停顿，确定大家把话听进去了，"看着餐厅里的酒单令我汗颜。光是波尔多的酒就有好几页，但来自意大利的只有廉价的索瓦贝（Soave）和普通的奇昂蒂（Chianti）。"

很多事等着安杰罗去做。

"我想了解法国酒成功的关键。"他说。拜访勃艮地与波尔多名酒庄让他有更多的了解，但在法国南部蒙波里耶（Montpellier）修习葡萄酒课程对他来说更有价值。他解释："著名产区都有明文制定的传统。法国南部和意大利有许多共同之处，两地都企图摆脱生产量贩型的桶装酒，以及勾兑酒的形式。"

回到芭芭罗斯科后，安杰罗在自家酒庄工作。差事越来越多，因为他父亲逐一买下的葡萄园，如今被誉为嘉雅皇冠上的珠宝：1961年买下整个Bricco，三年后嘉雅举家迁居至此；1964年买下马苏维，1967年是龙卡列德。

"葡萄园是所很难应付的学校。你要学会不能相信外表，对希望破灭习以为常。如果这一季一开始天气就很糟，你可以干脆放弃，但有时到了最后关头才出状况，像1966年，秋天前一切都好，但大雨毁了批上好的葡萄。"

老一辈的芭芭罗斯科人，对安杰罗开牵引车像赛车、在村庄和葡萄园横冲直撞的模样印象深刻。他总是匆匆忙忙，不仅忙着在斜坡上上下下，也忙着进行许多重大的改革。

嘉雅酒庄决定从1962年起，就不向其他葡萄农购买葡萄。"早些时候，在好的年份里，我们还能买到和我们品质相当的葡萄。但葡萄种植业变化太快，而且每况愈下。"

葡萄农使用合成肥料量越来越大。法定原产地（意大利的DOC—Denominazione d'Origine Controllata于1963年颁布）施行在即，其效应类似法国早三十年所颁布的法定产区（Appellation Contrôlée）。这将使特定产区如芭芭罗斯科变得于法有据，并且声望日隆。但也导致内比奥罗种在完全不适合的地点、嫁接在活力强的 Kober 5BB 砧木上。此外，市场推出新农药，不如传统的硫酸铜能抑制活力，反倒助长生长势头。

"这是个很困难的决定！"安杰罗说，"这意谓着我们将脱离知名的巴罗洛，我们在那一带没有葡萄园。然而，却可以对大家说：'嘿！从种葡萄到装瓶，我们一手包办。'"

在关键时刻，他们坚守品质，两年后，另一个重要决策更强化了这个理念。

"我注意到每次父亲说起哪个年份特别好时，"安杰罗回忆道，"那一年的收成量一定特别少。像 1961 年，前一年的冰雹让产量少了一大半。所以我就想，为何不干脆把每年的收成都减半？"

　　面北的法赛特，因昨日的一场小雪而一片银白。若是勃艮地的葡萄农，他们会感谢守护神圣文森，因为那天刚好是纪念他的日子。无论是谁送来入冬后的第一场雪，本地的葡萄农都会心存感激，因为雪融为水，渗入表层土壤后深入底层，这可是干旱时的紧急储备水源。

　　观察者脚还踩在雪里，然而放眼望去，圣罗伦佐的葡萄园却看不到任何雪迹，只有邻近的几块地还有零星余雪。芭芭罗斯科酿酒合作社对内比奥罗了若指掌，在成立之初，便将融雪最早的葡萄园列为顶级。"同一品种的种植地点不一，表现也不一，可优可劣，这个道理对所有葡萄都适用。"范提尼观察到，"对内比奥罗来说，这是颠扑不破的真理。"

　　腓德烈克和他的手下到圣罗伦佐葡萄园里剪枝时，有人一面瑟瑟发抖一面怨叹，他却说："这不算什么。四年前我们剪枝的时候，气温是摄氏零下十七度。"

　　在一旁工作的安吉罗·蓝博（Angelo Lembo），肤色虽然比腓德烈克来得白，但他来自于西西里岛。

　　意大利王国在 1861 年宣布独立，国家统一的大业自此大功告成。然而独立运动究竟是如当时官方所称：一场皮埃蒙特对抗外国统治者的解放战，

40

或是意大利的普鲁士暗度陈仓、征服其他地区的战争？意大利的史学家至今仍争辩不休。可以确定的是：萨丁尼亚王国的第二任统治者，同时也是意大利的开国国主——维托里奥·埃马努埃莱二世（King Vittorio Emanuele II）显然视新王国为旧王国的延伸。既未改朝换代，自然毋须将自己的封号改为一世。

皮埃蒙特人和其他北方领袖对南方所知甚少。都灵到伦敦比去西西里来得近，这可不只是地理上的距离。加富尔首相也承认，他和伦敦关系良好，而且曾经以为西西里人说的是阿拉伯语。当南意与新王国合并后，加富尔的密友，也是后来的首相路易吉·卡洛·法里尼（Luigi Carlo Farini）南下视察。"你说这地方叫意大利？"他不敢置信地写道，"这根本是非洲！"

安吉罗·蓝博十六岁那年离开西西里，那是六十年代中期，当时有场大规模的北方移民潮。起初他在都灵的菲亚特汽车厂上班，1968 年进酒庄，本地工人总是取笑他，让他很不好过。卢吉·卡瓦罗（Luigi Cavallo）尤其不放过他。蓝博轻笑着说："我仿佛还可以听见他用方言大吼大叫，说我们南部人连意大利话都说不好。"

蓝博照顾这些葡萄已经有二十年了，"他对每株葡萄藤一清二楚，还替它们取名字，和它们聊天，"腓德烈克咯咯笑着说，"说的当然是皮埃蒙特话。"

就像人类仍保有一些人猿祖先的特征，即使最尊贵的葡萄藤，也一样能看得出来历、森林攀缘植物的出身。在自然环境中，葡萄藤必须与其他植物竞争，既然没有粗壮的枝干支撑，就得演化出其他争取日照的方式。葡萄藤生长速度快，生长期也很长，此外，坚韧的藤蔓让他们可以攀附在树干，爬上顶端。

美国作家纳撒尼尔·霍桑（Nathaniel Hawthorne）1858 年造访托斯卡纳，对当地的葡萄藤深深着迷。"老葡萄藤攀附树上，让友伴支撑自己的幼嫩藤蔓，同时以坚实的拥抱将它禁锢怀中。它自私地将整颗树占为己有，随后尽情伸展千藤万蔓，包覆着每根树枝，除了它自己的，几乎不允许其他的叶片萌芽。"

他在手记上写着："没有比这个景色更美丽如画了。"然而作家也写下他的疑惑，说与"名产区里人工栽培的葡萄藤"比起来，这种自然生长的葡萄"更赏心悦目"。

霍桑的看法确实有凭有据。优质的酿酒葡萄是葡萄栽植法（viticulture）下的产物——先天禀赋仍须后天熏陶教养。无论是葡萄藤还是人类，栽培与教育使之成为日后的可用之材。

葡萄园里的葡萄藤不需要和其他树木竞争，有棚架支撑往上生长，原本的繁茂长势就无用武之地。但葡萄藤不适应这种文明的生存方式，它保留了老祖先与生俱来的本能。

腓德烈克点点头。身为爱酒人，他看待大自然的观点也变得很"以酒为中心"。

"大自然一点也不在乎酒，只在乎种籽。"他说。

和其他的水果一样，葡萄的本质是为了传宗接代，确保物种能生存下来。就某方面来说，糖分只是种籽吸收所需养分后的残留物，因此籽越多，所含的糖分越低、酸度越高。葡萄籽分泌的荷尔蒙会促进果肉生长，因此，籽越多表示果实也越大，但如此一来，便导致酒味不够浓郁。

从自然的观点来看，葡萄越多越好。但是一株葡萄藤所能提供给日后葡萄酒色泽、香气和风味的物质是有限的，因此枝蔓数量越多，酒味就越稀薄。若让一切顺其自然，那么多产的葡萄藤就像生了太多小孩，却不能善尽扶养之责的父母。

"如果你真的在乎孩子，那就要他们严守规矩。"腓德烈克顿了一下，然后提到令他心痛的这一点："这也包括塑身整形在内。"

要说到违背植物天生本能，以满足享乐主义者所好，最极端的例子很可能是烟草。烟草大部分的养分输送到顶端花束，而整个新陈代谢过程也是为了配合这个目的。但为了应付雪茄迷对口味浓厚的烟草的需求，在花序一开始就必须将其剪除，如此一来，香气物质才会转向最顶层的叶片。这些就是包在顶级雪茄外层的烟草叶。为了滋养不能吃的叶片，而牺牲繁殖的本能；然而，单就雪茄来说，这才是整株植物最有价值的部分。

葡萄园里的"规矩"，指的是造型与修剪。造型就是将整株的永久与半永久部分塑造成特定的外形。每年再按照这个形状持续修剪，就像定期补剪以维持发型。葡萄藤的外形可能有很多种：短的或长的；离地高或离地低；自由生长、垂直或水平支撑。外形该怎么选择？这要视气候、品种的活力，以及想酿出什么样的酒而定。

圣罗伦佐的葡萄藤经修剪后，枝干高约两英尺，主蔓于此开始发展。每年葡萄藤的生长与修剪，都是由六尺高的棚架支撑：由四根铁丝、两端的柱身以及穿插其间的木桩组成。

修剪可以控制每年葡萄藤的生长。优良的栽植法是牺牲产量、争取质量。

将葡萄栽培法引进意大利的是希腊人。希腊地理学家与旅行家保萨尼亚斯（Pausanias）讲过一则故事：在希腊某处，当地人立了座骡子的塑像，加以膜拜。原因是这只骡子吃了葡萄藤的一部分，遭到毁损后葡萄藤结的果实竟变得更美味（伊索寓言里，那株沿树生长、未经修剪、高悬在上的葡萄藤，它结的果实或许不像狐狸说的那么酸，但肯定酿不出什么好酒）。在意大利，伊特鲁里亚人（Etruscans）照顾葡萄藤的方式，就当它们是森林中那些树藤的表亲，让它们攀附在树上，任其生长。霍桑笔下的葡萄藤，就是一个伊特鲁里亚式栽培的例子。直到1960年，这种方式在意大利中部依然十分常见。

葡萄藤上的芽眼数，是决定收成量多寡的主要因素，但没有什么神奇数字可言。如果留下太多的芽眼，有的会是次级葡萄。"但也千万不要剪得过短。"腓德烈克警告。"芽眼太少，葡萄藤的能量全都转向嫩枝与叶片。几年前，安杰罗想将卡本内苏维农收成降得更低，所以我们修剪到只剩六个芽眼，结果葡萄藤发了疯似的、拼命抽新芽。"该锁定的是繁殖（也就是葡萄）与长势之间的均势，平衡至上。

"要视情况而定。"这是腓德烈克的口头禅。该留多少的芽眼？要视葡萄品种、年龄、过往的表现，以及土壤而定。

以内比奥罗为例，最靠近主干的两个芽眼很少结。有件事让腓德烈克回想起来就觉得有趣。他造访加州时，看到当地以十分常见的歌登系统（cordon spur system）修剪内比奥罗，这种剪枝法的特色是将许多短茎（又叫短蔓）留在藤上，每根上面都只有两个芽眼。

"你真该亲眼看看！"他大叫。"葡萄藤疯狂地长，叶子多得铺天盖地，却一颗葡萄也没有。"

酒庄去年七月才刚买下塞拉龙加，还没进行修剪。前任庄主在葡萄藤上留下的芽眼平均每株有十八个。腓德烈克打算循序渐进地来降低数量。他说："如果我们一下子修剪得跟这里一样，那么葡萄藤会变得很粗壮。"必须让葡萄藤习惯逐渐减产，让它自己慢慢找到平衡。

"老藤的平衡感最好，因为它们懂得自我约束。"老藤既"睿智"又"自制"，新藤则"顽强"且"不羁"。等哪天腓德烈克有空的时候，无疑会写首诗来称颂老藤。可以确定的是，诗里不会出现像济慈（Keats）《秋之颂》（*To Autumn*）中所说的"攀登茅草屋檐的葡萄藤"，那是伊特鲁里亚式放任生长才有的景象。

就天性来说，内比奥罗和所谓的自制完全背道而驰。

"它就像牛仔竞技大赛里，最桀骜不驯的那匹马，最棘手的问题是怎么驾驭它。"

幸好圣罗伦佐的葡萄藤年事已高，土壤又十分贫瘠。

"你不需要大费周章去研究如何修剪。就算每株葡萄藤留二十个芽眼，结的果串也不会多。"他指着某些尚未修剪的葡萄藤："跟其他的内比奥罗葡萄园不同，在这里，你看不到那些长得离谱的藤蔓。"

圣罗伦佐的每株葡萄藤，剪下的枝蔓平均重约十磅，但在肥沃土壤上的年轻内比奥罗，可能有三十磅，甚至更重。轻重亦即是强弱之别。

像一位正要打理一头乱发的理发师，蓝博抓起了一棵葡萄藤，上面纠缠了十几条根茎，除了两根是去年春天才从芽眼冒出的嫩梢，其他都是老茎。

蓝博先"除旧"再"布新"。他先剪去年已抽芽结果的两年生老茎，再从两根一年生的茎蔓里择其一，由它来担负今年抽芽和结果的重任。留下八个芽眼，绑在下层的铁丝上，这条茎上有去年形成、经过冬眠的芽眼，新梢由此萌发。最后，他再回头来修剪另一条一年生茎蔓，只留短短一截、两个芽眼。这部分叫"放眼未来"。明年，从这两个芽眼冒出的新梢，其中一个会被选做 1990 年圣罗伦佐葡萄的主蔓，另一个则是下一个"未来"。

这种剪法又叫做长短茎剪枝法，而腓德烈克所采用的这套系统，其实流传已久，由十九世纪法国农学家果优（Jules Guyot）提倡而发扬光大，因此又称果优型（Guyot）。早在 1670 年，汤马斯·汉默爵士（Sir Thomas Hanmer），在威尔斯有座葡萄园（哪儿不好种，非要种那儿），就曾写下关于这套系统最清楚的说明：

> 留下……一条主蔓……视葡萄藤活力的强弱而定，将主蔓长度修剪为半码或一码，以此作为主干……其他的下半部必须修剪得极短，只留一个、最多两个芽眼……而这条短茎……主要是为了隔年发展为主蔓而保留，剪除前一年的主蔓。除了上述两条，其他的都不留。这就是修剪葡萄藤的方法。

腓德烈克就在附近工作。"我们打算剪得更短，这样可以种得更密。等我们重种时，希望能把密度提高到每英亩两千株葡萄藤，像那边的梅洛（Merlot）。"他朝马苏维那边点头，"要做到这点，我们需要非常柔弱的葡萄藤。"更高密度会加强根部吸收养分时的竞争，降低葡萄藤的活力。目前每英亩的圣罗伦佐只有一千六百多株葡萄藤。

腓德烈克修剪"主蔓"的时候只留下七个芽眼。"葡萄藤奋力求生，"他解释，"这帮它找回能量。"

结果我们发现葡萄藤并不是那么健康。腓德烈克说："事实上，很多都生病了。它们感染了一种病毒。"听起来很严重，但腓德烈克显得很冷静。

那是一种卷叶病毒（leaf roll），因为叶片边缘卷曲而得名。只要病情不是那么严重，影响的仅是葡萄藤的活力与寿命，而不影响葡萄酒的品质就行。

"或者说，降低葡萄藤活力反而有助于生产出更好的葡萄。"腓德烈克语带沉思，"那些通过选和热处理的抗病葡萄，会变得很难控制，看看现在大多数人的收获量就知道了。"

健康也可能有害，这个悖论相当深奥。

腓德烈克看起来有点疲惫。一株接着一株，他和他的手下，从 11 月就进行剪枝直到现在。

"理想上来说，"他说，"晚点再开始会更好。"等到叶子掉光，葡萄藤的新陈代谢改变，开始把存粮输送到主干，贮存过冬，以便来年春天有个好的开始。这个输送转换过程需要时间。"但实在有太多的工作要做。我们没办法在几个星期里修剪所有的葡萄藤，所以我们把最重要的葡萄园留到最后，其他的地方则轮流修剪。"

加上新的塞拉龙加，酒庄目前拥有超过三十万株葡萄藤。腓德烈克大声说，"如果你把剪下的枝蔓都堆在一起，那可堆积如山！"

不同品种的剪枝难易度也有别。"梅洛的话，一分钟就能剪完一株。"腓德列克说。它的木质相对较软，而且没什么特别的毛病。白苏维农和它的表亲卡本内家族（Cabernet）就要多花点力气。它们的卷须十分强韧，木质也很坚硬。卡本内苏维农在波尔多有个古老的别名，叫 Vidure，法文的 vigne dure，意思是顽强的葡萄藤。

在许多葡萄园里，虽然内比奥罗的木质柔软，但在剪枝的时候，它属于难操作的品种。"难就难在如何剪。"腓德烈克这么说。"将夏东内剪短，它自然会减产，但你要是把内比奥罗剪短，它可能只长几串葡萄，甚至还没办法熟成。"

剪刀发出咔嚓咔嚓声，修剪工们顺着斜坡慢慢往下，随着对称的修剪往前进，原本的杂芜渐渐往后退，楚河汉界、泾渭分明。身配剪刀（而非警枪）的"警长"在文明的边陲开疆辟土、立令执法。他们也许粗鲁，但就算再温和的酒痴也不会认为这有什么不好。在葡萄的国度里，只要能达成目的，各种手段都行。

大刀阔斧地修剪主要建立在两个假设上，如果假设错误，葡萄农就会怨声载道。第一个假设是产量小了，酒价可能因此升高；第二个假设是没有自然灾害导致减产。开花时如果受精比例过低，会让收获量变小，而冰雹使产量锐减。

要酿好酒，不仅要压抑葡萄藤的生长本能，也违反了葡萄农的天性。产量上的满足立竿见影，但品质带来的喜悦却姗姗来迟，这种满足感是在品质与价格上才看得到的。无怪乎，葡萄园里的文明（各方意见）会产生冲突与不满。

江山易改，本性难移的不只有葡萄藤，葡萄农也一样。腓德烈克说："即使到了今天，有些葡萄农刚来这里工作时也不能适应。品质和好酒对他们来说是抽象的，他们很难理解为什么要为此牺牲丰饶的收成。"他笑着挖苦道："毕竟他们下班之后，可不会忙着赶去参加评比高下的品酒会。"

直到第二次世界大战后，芭芭罗斯科的产量，以今日的最高标准来看，还是非常少。这不是因为葡萄农坚持品质，像现在所想的那样，而是因为他们不知道如何提高产量。一旦掌握到增产的方法，葡萄农们绝不愿错失丰收的契机。

奥多·瓦卡有两个叔叔是葡萄农。其中一位，在一个葡萄园里种了六排内比奥罗。"去年，我把葡萄总是熟得比较少的下面那三排给减产了，结果这几排的酒精浓度比其他排的提高了至少半度。你可以尝得出差别。"奥多一面抓头，一面回想，"我叔叔对品质的理解很抽象，产量才是他们世代相传的观念。根深蒂固，难以动摇。"

皮埃特罗·罗卡说起安杰罗在六十年代中，决定大量减产的事，语气十分平静："大部分的人都认为安杰罗的做法，称不上功德，"说到这，他的眼睛亮了一下，"而且简直是罪大恶极。当年，一株葡萄藤上就算有十八个芽眼都还嫌少，更常见的是保留两条甚至三条主蔓，每条各留十二个芽眼。"他边说边窃笑，"你现在还可以看到这种葡萄藤，他们可是古董级的。"

当时安杰罗决定每株葡萄藤只留十二个芽眼，这表示产量会大幅减少。就算每株只少一个芽眼，每英亩也会少掉一千六百个果串。农夫们在当地酒馆闲聊时，都怀疑安杰罗是不是疯了。乔凡尼是当时的村长，特别留意街谈巷议。

"有天老爸直奔回家，一脸沮丧。"安杰罗回忆道，"'村里所有人议论纷纷，说我们的葡萄太少，眼看就要破产了！'他大叫说，'我们要怎么付工人薪水？'"

蓝博刚到酒庄工作的时候，"芽眼大战"正进行得如火如荼。他说："安杰罗规定我们该如何剪枝，但只要他一转身，老季诺和其他人依然我行我素。"

安杰罗笑着叹口气。"啊！老季诺（也就是卢吉·卡瓦罗）是酒庄的中

48

流砥柱，总是全心全意地付出，总是把'我的葡萄'、'我的藤'挂在嘴边。他宁死也不愿请病假、错过一天的工作。到了收成季，他总是天还没亮就到园里，只要有人迟到就会大发脾气。"他摇摇头，"那还真是一场不折不扣的大战。他总是有各种借口，就是不肯把藤蔓修剪得更短。我到现在都还记得他常挂在嘴上的那几句，比方说可博砧木的活力太旺，会没有葡萄可收成；如果花穗发育不良怎么办？如果下冰雹怎么办？"

这场大战并不止于芽眼。还有砧木之争，新葡萄园该用哪种砧木？安杰罗想采用420A，好抑制内比奥罗的活力；卡瓦罗喜欢强的，可博5BB才是他想要的。此外，还有柳条之争，这是用来固定主蔓与新梢的传统道具。

"季诺总是提前好几个月，从秋天就开始收集和削芦秆。后来有了铁丝线圈，能省下许多时间，但他就是听不进去。如果你给他一卷铁丝，他会接过手，然后扔掉。你得把整卷铁丝放在他床头，让这个主意在睡梦中慢慢渗进他的脑海！过了三年，虽然心不甘、情不愿，但他总算开始用铁丝了。"

当年的安杰罗年轻气盛，迫不及待想征服世界。卢吉·卡瓦罗已步入中年，以前是佃农，这辈子没去过都灵，但习惯于在葡萄园发号施令。尽管两人之间有冲突，但谁都没受到伤害。

年轻的安杰罗搬来芭芭罗斯科住，学着说他从没讲过的方言。他雄心勃勃，但也宅心仁厚，会替他手下的人着想。他不时约卡瓦罗出来吃饭、商量事情，想办法让他参与自己的计划。如果芭芭罗斯科无意加快脚步，这个急匆匆的年轻人愿意等。

每年圣诞节前夕，酒庄举行的年度员工晚会上，安杰罗总是会在上甜点和咖啡的时候，站起来简短致辞。每次他总不忘先说"让我们欢迎季诺·卡瓦罗，酒庄多年来的支柱"。几年前，卡瓦罗的一条腿动过截肢手术，已经不太能四处走动，但每天他都会坐在自家庭院里，头上永远戴着一顶贝雷帽。他会直视你的眼睛，骄傲地告诉你，酒庄自从安杰罗接手以来的种种改变。

　　"安杰罗开始接手的时候，我去他家拜访。他向我解释想做的是什么。'我对收一大堆葡萄没兴趣'，他这么告诉我。安杰罗和他爸爸有多不同？就像黑夜和白天。"

　　卡瓦罗一面讲话，一面用手比划，说到"黑夜"的时候手掌朝下，讲到"白天"再翻转朝上。

　　"他老爸只要我们采葡萄，我们有多少就收多少，但安杰罗的做法完全不一样。只收熟了的葡萄，有必要的话，得分好几次采收。"

　　"七月的某个星期天，安杰罗来我家，说圣罗伦佐园里的葡萄太多了。隔天我们就开始修剪果串。人们都觉得他疯了，其他农民都在窃笑，还有人说：'我葡萄园里的比这儿多四倍！'以前他们什么也不懂，现在也好不到哪儿去。"

　　"别的地方来这里工作的人，根本不知道怎么做这份工。我还得教个南方人怎么做，现在他很清楚自己的任务。那家伙是个好人。"

　　咔嚓！最后一棵葡萄藤的未来也安排好了。圣罗伦佐原本杂乱如麻的葡萄藤，现在看来整整齐齐。然而这个平整的外观也维持不了多久。

1989年5月10日

"看看它们！"腓德烈克大叫道，"正轰隆隆地向跑道前进了。"他在修剪一株葡萄藤的主干，站起身来稍事休息。

气温升高到华氏八十度，午后的阳光洒满了圣罗伦佐特级葡萄园，但这还不至于把腓德烈克给晒晕。他的狂想应该是种隐喻。

葡萄藤每年生长周期会经历不同阶段，这些物候阶段（phenological phases）可用飞机的一趟航程来比拟：离开登机门就像是从冬眠中醒来，开始向跑道前进；萌芽期是准备加速起飞；开花期是正式起飞，这是植物驱力与繁殖需求两者拉扯的关键时刻；葡萄一旦成形，葡萄藤就进入航行阶段，相对来说比较平稳的时期；接下来，葡萄改变颜色，进入转色期（invaiatura），漫长的降落过程就此开始。如果天气好，有阳光而且干燥，葡萄抵达美味的终点，葡萄藤也功成身退。

在葡萄园和机场这两个地方，天气都很重要，可不是闲聊的八卦。剪枝后接下来的几个星期，腓德烈克都忧心忡忡，因为这段时间只下过一场雪，二月和三月里，雨也下得少。

"但在三月的第二个星期，葡萄藤真的哭了起来。"他的语调快活起来。

难不成腓德烈克也突然被萨德侯爵附身，成了虐待狂？他笑着摇摇头。

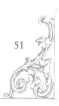

春天来临时，剪枝的创口开始流出汁液。他说："你可能会以为葡萄藤在哀悼，甚至会因血流如注而亡。其实它们是喜极而泣，这表示他们不必受干渴之苦。过长的干旱才会让葡萄藤悲伤过度，欲哭无泪。"

三月的天气几乎就像夏天。上星期芽眼开始绽放，气温就跟今天差不多。圣罗伦佐的葡萄比预定时间提早离开了登机门，往跑道上滑行。

"说够隐喻了！"腓德烈克突然喊停，不再继续用想象中的飞行来比喻。这位葡萄园的吟游诗人回到了现实。

"看到那边的白苏维衣了吗？"他问道，指着马苏维远方的一块地，"那些葡萄比内比奥罗要晚萌芽，但去年收成的时间是 8 月 24 日。内比奥罗则是 10 月 7 日，足足晚了六星期。"

卡本内比内比奥罗晚开花，但会随后赶上。像附近的巴尤雷（Pajorè）葡萄园，比圣罗伦佐高了约三百英尺，几乎每个阶段中，那里的内比奥罗都落后这里十天。

有了多雨的四月，腓德烈克没那么担忧了。如果他知道"四月的雨"这首歌，一定会哼哼唱唱。但只要在春天，不管哪个月，腓德烈克永远都在祈祷降雨。夏季的雨总是来势汹汹；短暂的暴雨冲刷斜坡，会造成土壤的流失。春天的雨势较和缓，土壤得以吸收水分，且不会流失。

腓德烈克今天到圣罗伦佐是为了进行夏季剪枝的第一步，这个工作会持续整个夏天。他和手下要除去砧木上无用的旁枝，以及那些冒出来的多余嫩梢。

"整个一月份，我们忙着剪枝，可不是为了让这些旁枝出来透气的。"他龇牙咧嘴地咆哮着。

在冬季剪枝和收获季之间，夏季剪枝是腓德烈克的头号大事。

"这就像是保持地窖清洁或做家事，只是每日例行的公事，很单调乏味。不像收成或冬季剪枝那样受重视。"他停下来，拔掉一个旁枝。"但这至关重要，就像防御工作。"

防御！腓德烈克不假思索地抛出这个词，犹如醍醐灌顶。Difesa（防御）说明了这项工作的严肃本质，旨在保护葡萄藤与葡萄免受伤害。腓德烈克同时也用 lotta 这个字，就像我们说的"对抗"癌症。毫无疑问，这些用词，对于这群葡萄园的战士来说，要比英文用词"病虫害防治"更能振奋人心，否则怎么能让他们同仇敌忾、奋勇抗敌？

腓德烈克把防御视为他终极目标的核心。他说："我的工作是让酿酒师能够自在地决定该何时采收。"如果葡萄很健康，他可以选择在最佳状态时采摘；但如果葡萄开始腐烂，他就没得选。

腓德烈克的目标看似简单，但实际上不容易。能采收健康的葡萄，可说是个大胜利。

要保持葡萄健康，首先要保持果皮完整。"果皮一旦裂开，"说到这儿他脸抽动了一下，"情况就完全不同了。"当我们割伤了手，皮肤上有伤口，就有感染的风险。葡萄也一样，"但很不幸地，我们没办法把葡萄洗干净，在上面贴个橡皮膏。"杰出的瑞士葡萄酒科学家赫尔曼·穆勒（Hermann Müller）很早以前就指出，破了皮的葡萄上所含的微生物，是完好无损的葡萄的四十倍。

防御必须滴水不漏，但只是提高警觉是不够的，你必须要反守为攻，让潜藏的侵略者难以突破。"就像运动比赛，进攻乃最好的防守。"腓德烈克说。

他不但要替葡萄藤做好防御，土壤也需要。"你迟早要回到土壤这点上，"他坚持道，"如何做好土壤保持，是栽植学里的重大挑战。"

剪到最后一排，腓德烈克现在到了圣罗伦佐葡萄园的边上，面对着斜坡上纵向种植的葡萄藤，酒庄从 1978 年开始采用这种称为 rittochino 的种植法。蓝葛区以前用这种方式种植，但逐渐为 girapoggio 所取代，这种种植法的葡萄藤是沿着坡地横向种植，圣罗伦佐的就是如此。两百年前，汤马士·杰佛逊（Thomas Jefferson）在与友人通信时，曾提及后者的优点。

"我们现在采用水平式种植，随着山坡的轮廓走。"他写道，"每一道犁沟就像个贮水池，可以蓄水……马匹在平地上也比较容易驾驭，这样的种植法让坡地变得像平地一样容易种植。"

对蓝葛区的农民来说，横向种植法还有另一个优点：他们可以利用排与排之间的间隙种植其他作物。

但是纵向种植法也有它的理由。老牛，或者杰佛逊的马，可能会觉得水平种植的葡萄园比较容易耕耘，但牵引机在上下坡方向的工作效果比较好。而且在面南的坡地上纵向种植，让每排葡萄的两边都能享受到直接的日晒。

纵向种植的缺点是土壤容易流失，这可以解释为什么有些葡萄园里长了杂草。

"不久以前，有种替葡萄园健身的概念。"腓德烈克边说边摆姿势，伸展肌肉。"像健美先生阿诺·施瓦辛格（Schwarzenegger）那样。以前曾认为葡萄藤生长力越强越好，而且不能有任何竞争对手。杂草是最大的威胁，因此要经常翻土，消灭野草。"

翻土会导致氧化、摧毁有机物，尤其是翻土过深，或在夏季高温下动工更糟。翻土会毁掉结构。

腓德烈克一面摘除旁枝，一面思考："除草剂可以取代翻土，但也会让土壤变得贫瘠。"

他经常和好友罗伦佐·寇礼诺（Lorenzo Corino）讨论土壤，在阿斯蒂研究中心工作的寇礼诺是土壤保持专家。"罗伦佐告诉我，十五年前法国葡萄农总是用除草剂来保持葡萄园干净。"想起寇礼诺说过的话，腓德烈克忍不住轻笑，"他讲话时总是面无表情：'我们花了许多年想赶上法国，但由于问题重重而未达成。没料到，当初我们落后，现在反而超前了。'"

在寸草不生的斜坡上，豪雨会造成土壤流失；杂草能阻碍土石流失，并且增加水分的吸收。

"杂草可以是你最珍贵的盟友，但要视情况而定，如果杂草在错误的时间、地点出现，它可能是致命的敌人。"

人们缅怀过去作战时敌我分明的情势。除草剂是敌是友？要视情况而定。

"除草剂就像药，能够不用就不用，但必要的时候，还是要服药，以免病情恶化。有时候只要一点点除草剂，就能避免带着重机械进入葡萄园。人们总以为什么事都可以交给机器去完成，其实不是这样。如果土壤太潮湿，机器会把它们压得很紧。"

"紧密"这个词从腓德烈克口中说出，充满了肃杀之气。这是种罪行，会戕害土壤结构。

"如果你有急事要处理，比如说喷洒农药，那么地上一定要有杂草。在光秃潮湿的土上，牵引机会毁了土壤的结构。"

他的眉头皱了起来。"去年春天下了很多雨，直到 6 月 20 日葡萄园里还看得到杂草。安杰罗出差一段时间回来,看到这个景象很不开心地问：'都什么时候了，还有杂草？'我知道许多人都想看到像梅多克那样整齐无瑕的葡萄园，这让访客留下好印象，但芭芭罗斯科不是波尔多。我们必须到园里喷洒农药，但我不想在潮湿光秃的土壤上这么做。"他以理解的神情看着地面，"杂草挽救了土壤的结构。"

等工人完成了这里的工作，他们便移师到下个葡萄园。他们总是四处游走，光是芭芭罗斯科，他们就必须照料二十一个葡萄园，其中十四块种着内比奥罗。酒庄在阿尔巴，还有邻近的特耶索（Treiso）也有葡萄园，别提更远的塞拉龙加还有七十英亩的葡萄园。

"啊！塞拉龙加！"腓德烈克大声说道，"塞拉龙加只不过是块面积很大

55

的葡萄园，其实很容易对付。"他随即停了下来，修正刚才的说法："唔，应该说和其他的葡萄园比起来算简单。事实上，很多人都觉得我们疯了。波尔多常以机器辅助，勃艮地知名的葡萄园也比我们这里平坦得多（译注：勃艮地的好葡萄园多位于山坡上），在加州，大部分的葡萄园甚至坐落在平地上。"他指了指圣罗伦佐陡峭的斜坡，"你可以在谷地种卡本内苏维农，但要种内比奥罗？那是自讨苦吃！"

腓德烈克对着一株葡萄藤沉思。

"最疯狂的是，我们居然会想种内比奥罗。明明有农活少、又容易照顾的品种，像是芭贝拉和卡本内苏维农，但年年依然有人种内比奥罗，这点常让我感到诧异。"

事实上，的确有很多葡萄农老早就放弃了。内比奥罗一度占地广泛，遍布皮埃蒙特以及整个意大利北部。那时它还有许多别名，如 Spanna，Chiavennasca，Picotener 等等。但自十八世纪起，它节节败退。经历了1709 年的霜害、十九世纪中的粉孢病（oidium），以及十九世纪下半叶的蚜虫害，当农民重新栽种葡萄时，常以其他更强韧、多产的品种取代尊贵的内比奥罗。

最好的例子就是阿斯蒂这一带，早在 1330 年，此地的内比奥罗便颇负盛名。到了二十世纪初，只剩科斯提留罗（Costigliole）一带，当时还有两成左右的葡萄园种内比奥罗，不过，今日已荡然无存。

范提尼在一百年前就指出，内比奥罗的地盘逐渐缩减，只剩几个葡萄够顶级、虽然吃力但卖价还算好的葡萄园。在蓝葛区，它逐渐被外来品种芭贝拉取代。根据范提尼的说法，1875 年，芭贝拉来到这一带，1883 年"在蓝葛仅有少数地区种植，产量微不足道"；到了 1895 年，它已经"占有一席之地，种植面积与日俱增"。如今，芭贝拉是蓝葛区占地面积最广的品种。

卡瓦萨在 1907 年出版了一本《芭芭罗斯科之酒》（*Barbaresco and Its*

Wine），罗列着葡萄农可能对内比奥罗提出的种种指控。就在隔年，芭芭罗斯科农民抗议内比奥罗葡萄园被列在课税最高的级别中；他们强调："此品种无法保证稳定的营收，因此没有葡萄园能只栽种内比奥罗，而须与芭贝拉、弗雷萨（Freisa）和多切托（Dolcetto）混种。"

虽然在皮埃蒙特，甚至其他地区还能找到零星的内比奥罗，但它的最后堡垒是芭芭罗斯科和巴罗洛。尽管内比奥罗陷入重重包围，但它不会惨遭滑铁卢的。反之，用另一座陷入重围的比利时巴斯东（Bastogne）来比喻会更贴切。在第二次世界大战知名的"突位之战"（The Battle of the Bulge）中，镇守巴斯东的美军以寡敌众，当德军要求他们投降时，守城将领悍然拒绝。这里的答复也一样："呸！"他们会用本地方言这么说："内比奥罗，万岁！"

腓德烈克说："我常常想，这里的人看待内比奥罗时，态度带点宗教意味。我认识一些葡萄农，星期日不去做弥撒，而把整个上午都花在葡萄园里，照顾内比奥罗，也许，这就是他们敬拜上帝的方式。"

他环顾圣罗伦佐的葡萄园，说：

"农民们对它心怀敬畏。"

奥多·瓦卡在一旁听着，露出会心而腼腆的微笑。

"没错，照顾内比奥罗，你必须时时刻刻待在葡萄园里。"

他站在酒窖阶梯旁的临时品酒室门边，品酒的访客来来往往，酒杯和酒瓶间散落着随手涂写的笔记。安杰罗抬起头来，脸上的表情似乎在接着说："也要时时刻刻待在品酒室里。"

内比奥罗需要诠释。

它是个德高望重的品种，最早的文献记录可以回溯到公元 1268 年。在 1606 年，都灵宫廷里有位行家称它是"红葡萄之后"。1787 年，汤马士·杰佛逊造访都灵，在他的手记上写到，他尝过一种名为"Nebiule"的酒——这是以当地方言发音所记录的内比奥罗。

对于芭芭罗斯科的村民来说，他们种葡萄和酿酒已达几个世纪之久。阿尔巴大教堂供奉的是圣罗伦佐；教堂的唱诗班席位里，有张自十五世纪流传下来的木椅，上面镂刻的就是一碗葡萄下的芭芭罗斯科村与古堡。

安杰罗的表情带点嘲笑："没错，这里的酿酒历史很古老，酿酒方式也很陈旧，直到近来才有所改变。"

杰佛逊形容在都灵喝过的那款酒"怡人"，他的品酒笔记上写着："如

马德拉(Madeira)甜美丝滑,如波尔多紧涩,如香槟有劲。"但今日的爱酒客若喝了这款酒,肯定会嚷着要退钱。

这种口味甜,常带着泡的内比奥罗酒,持续了一两个世纪。1908年,芭芭罗斯科的葡萄农组成了协会,商讨如何保护自家的酒不受假酒侵害。他们并不讳言:"长久以来……大多数的内比奥罗往往过甜、带泡,只有味蕾不挑剔、肠胃够强壮的老一辈人才会喜欢。"虽然有少数的例外,但是"真正自己生产、产量与品质稳定,且颇受市场好评的酒,乃到1894年才问世,那年也是芭芭罗斯科酿酒合作社成立的一年"。四年后,协会的会刊上有篇驻美特派员的报道,提到由于酒税之故,美国进口大量的内比奥罗,到纽约摇身一变成为上千箱"不错的半甜气泡红酒"。朱利安·史崔在1933年写道,纵然"无法和其他酒区的好酒相比",他喝过最好的意大利酒是一款三十一岁的微甜,但已无气泡的"内比奥罗气泡酒"(Nebbiolo Spumante)。

品酒室桌上的芭芭罗斯科酒里,最早的年份是1961年的,安杰罗的生平都记录在其中。1961年,他到酒庄工作,那也是他们从外面买葡萄的最后一年。那个年份里,有皮埃特罗·罗卡和吉多·里威拉的父亲卖给酒庄的葡萄,还有马苏维的。前一年的霜害毁了许多葡萄藤,收成大幅减少,但是对葡萄酒而言,这是个好的开始。

"内比奥罗的荣耀与悲惨。"安杰罗一面闻着杯中1961年的酒,一面叹气。这个年份的内比奥罗受到许多人推崇,就连麦克·布罗本(Michael Broadbent)也大肆赞扬过:"这是我喝过的最好的意大利酒。"他在1984年的品酒笔记里这样写道:"柔顺,韵味在口中慢慢扩展开来。"布罗本品尝的是窖藏了二十三个年头的酒,如果是在六十年代喝,那他的评价又会是如何呢?

"谁知道他喝的是哪一瓶1961年份的?"安杰罗反问,"有些酒要好几年才完成发酵。按照以前的做法,我们将酒分成好几部分,每次以一千瓶为单位装瓶。不同瓶的葡萄酒待在桶中的时间可能相差好几年，因此品质的差距很大。"

1961年份的芭芭罗斯科是传统酿法的典范，然而，安杰罗对它却没那么欣赏。"当然，酒本身很饱满。"他承认，"这酒有自己的风味，但我更喜欢干净、清爽的香味，少点霉味、更有劲的、更纯正的果味才是我想要的。"

芭芭罗斯科表现得不够顶尖时，除了本地市场，几乎乏人问津。

就如安杰罗所说，撇开酿制时碰到的一些问题，1961算是个好年份。但仍然存在一个问题：它是以内比奥罗酿造的。

安杰罗谈起内比奥罗时，语气是既骄傲又恼怒，就像恨铁不成钢的父亲，恨儿子徒有才华却未能发挥到极致。虽说他依然满怀期望，但不再有不切实际的幻想。

山谬·派比日记中的侯伯王品酒心得，是最常被引述的品酒文献。这篇1663年4月11日的日记里写道："喝了一款法国酒叫侯伯王，味道很棒，而且是我喝过口味最特别的。"

一款酒要成名，必须要有独特之处，要够"特别"。

葡萄酒就像食物，然而风味若太独特，就很难广受欢迎。这是顶级内比奥罗葡萄酒的困境。从布罗本给予嘉雅1982年的帝丁的评语也可以看出这点，他一方面形容酒"丰富"、"强烈"、"令人印象深刻"；另一方面也说它"奇怪"、"对喝惯波尔多的人来说很特异"。

安杰罗说："我出国游历时，很快就发现内比奥罗和其他品种很少有相似点。我一方面觉得高兴，这表示我们有独到之处；但另一方面，这也代表了遗世孤立。拿内比奥罗和优秀的法国品种相比，就像拿蓝葛区的传统运动弹力球和遍及全球的足球、篮球相比。"

法国的品种与葡萄酒，决定了全球的口味。尽管在竞赛中"击败"法国酒并非不可能，两款纳帕谷的葡萄酒就曾在1976年的巴黎盲品中胜出，留名青史。但你必须要遵守他们的游戏规则，要到巴黎参赛，就要派出卡本内苏维农与夏东内。这些品种是葡萄界的英语，内比奥罗则似芬兰话。（卡本内苏维农名气大到人们替它取了个"小卡"的昵称，但有谁会称呼内比奥罗"小内"？）

即使是葡萄酒专家，对于内比奥罗也是一知半解。在加州大学戴维斯分校（the University of California at Davis）任教四十年的梅纳·艾莫林（Maynard Amerine），撰写的葡萄酒著作与文章之多，在英语界无人能出其右，是声誉卓著的葡萄酒权威。他与爱德华·B·罗斯乐（Edward B Roessler）合著、1976 年出版的《葡萄酒：感官评鉴》（*Wines: Their Sensory Evaluation*）却有如下的评论：

> 内比奥拉（原文照刊，原作将 NEBBIOLO 误写为 NEBBIOLA）主要种植于意大利西北部。以它酿出的好几款酒，就我们看来，都不怎么突出……巴罗洛不管是新酒或老酒，尝起来都很苦涩。即使经过十五到二十年的窖藏，也无法酝酿出极佳的香气。我们不知道其他地区是否栽种内比奥罗，但显然是没有（这也情有可原）。

这本书对内比奥罗的了解极其有限，甚至只字未提芭芭罗斯科！

"内比奥罗不仅仅在葡萄园里难以驾驭，在酒窖中也一样。"安杰罗这么说。

"桀傲不驯正是内比奥罗的精髓。"英国葡萄酒作家詹席斯·罗宾森（Jancis Robinson）讲得直接："没有葡萄像它如此难缠，高单宁、高酸度、干浸出物。"

罗伯特·派克则写道："此酒刚毅不屈，单宁极其强烈"，而且"在酒龄轻时往往难以亲近，且野性难驯。"

和艾莫林不同的是，这些酒评家知道在这原石之中藏着的是块和氏璧，陈年后的内比奥罗可以发展出一种独特酒香，罗宾森这么形容："即使不喝酒的人读到这些经典描述，也会不敢置信地感到无比兴奋。"两人的品酒辞之间，有着一串洋洋洒洒的形容词：紫萝兰、甘草、胡椒类香料、松露、皮革、焦油，还有烟草。

　　安杰罗想要酿出一款能够引人入胜的芭芭罗斯科，而不是教人望而生畏的。他回想道："我从法国回来时，总是满腔热情，但在与传统这道高墙冲撞几天之后，热情就消失殆尽了。"

　　而嘉雅酒庄里"捍卫传统"的人，就是掌管着酒窖的卢吉·拉玛（Luigi Rama）。

　　安杰罗说："拉玛始终坚守岗位、寸步不离。从他睡觉的房间就能俯瞰庭院，他和我们全家一起用餐。对这些酒简直视如己出。他会在凌晨两点爬起来，查看木桶里的酒怎么样了。"他顿了一下，"可是他和外界没有接触，完全活在自己的世界里。"

　　安杰罗不仅积极参与葡萄园的管理，也插手管酒窖。他承认："要我们和平相处可不是件容易事。"但这只是问题的一部分。

　　"在法国，研究机构和酒庄之间经常交流。我在蒙波里耶上课时，有些老师本身也经营酒庄，但在家乡，当你有问题的时候，却不知道该找谁。葡萄农对某些缺陷早就习以为常，甚至不会注意到那是缺陷。"他笑了笑，"说起来真难为情，我们可是这里顶尖的酒庄啊，不是吗？"

　　安杰罗打算让葡萄农们参与他的改革。1964年他租了一辆巴士，安排了一趟勃艮地之旅，共有四十人参加。

　　他双手一摊。"应该是出于某种防卫机制吧。他们排斥眼前所见的一切，认为只有自己的才是对的。"

　　在此同时，本地人视为顶级的好酒，外国人可能觉得一文不值。安杰

罗沉痛地想起有些英国人语带轻蔑、嘲笑他们的酒色带黄。"他们说这颜色跟'萨拉米香肠的皮一样',像'鸡皮'。"

"那是古旧的风格",他叹着气说,"但那忠于本色。"

他脸上的表情显示这是他的痛处:当地方言 tipicità,英文叫典型特色,意指忠于本色。"我们用这个词,来捍卫被外国人嗤之以鼻的东西,其实是为差劲找的一个委婉词。"

他回想家里人是如何看待葡萄酒的。

"我父亲吃饭的时候喝酒从不超过一杯,那是神圣不可侵犯的。他自信他的酒远胜于他人。当他觉得一瓶酒表现绝佳的时候会大赞:'这才是真正的马萨拉(Marsala)!'这可是最高的赞美。"

马萨拉是一款氧化酒,比较像雪莉酒和马德拉,不像传统的餐用酒如波尔多和勃艮地。

"我有位姑姥姥,总是把开了瓶的芭芭罗斯科锁在小橱子里,想到的时候就啜一口。如果你要'喝'酒,会喝没那么好的酒,比如说加水稀释后的芭贝拉或多切托,这就是本地特有的待酒之道。好酒被视为良药,是给病患和老人喝的。"

一如其他传统的产酒国,酒在意大利只是一种饮料,就跟咖啡当年在美国的状况差不多。咖啡的差别只在于新不新鲜、好或不好,但除了言不及意的闲聊,很少有人会拿来热烈讨论。顾客也不太可能熟悉阿拉比卡(arabica)与罗布斯塔(robusta)品种间的差异,更别提咖啡豆的原产地。谁会去比较烘焙程度的深浅?即使在今日,对大多数人来说,咖啡依然只是一种生活习惯,某种"热腾腾"、"让你提神醒脑"的东西。在酒里掺水听起来或许很怪,但这就像有些人会在咖啡里加糖或奶精一样。

当时,酒在意大利就是食物,和面包一起上桌,是用餐的一部分。许多人每天都喝同样的酒,而且没有牌子。餐厅里很少见到酒单,通常顾客连菜单都没看，老板便简单地问："红的，还是白的？"

安杰罗对酒逐渐产生不同的看法，这不仅仅是受到出国历练的影响，另一个重要影响来自帕罗蒂（Paroldi），他是热那亚（Genoa）一间餐馆的老板，也是安杰罗父亲的客户和朋友。

"我以前常在厨房吃饭。"他说话时脸亮了起来，"他会开些很棒的勃艮地和波尔多请我喝。它们的香气和味道是那么不同！真是令人兴奋的经验。"他顿了一下，特别强调："但帕罗蒂也是芭芭罗斯科的忠实粉丝。"

安杰罗摇了摇杯中的 1961 年份，深深地闻了一下。

他越来越坚信，芭芭罗斯科在酒窖，也能像在葡萄园里一样得到大幅改善。芭芭罗斯科的"独特"毫无疑问，但能否让那些"喝惯"法国酒的酒客也想喝它呢？

本土文学也曾面临类似的处境。西撒·帕韦泽（Cesare Pavese）是战后顶尖的意大利作家，在蓝葛出生、定居都灵。他曾在《美国中西部与皮埃蒙特》这篇文章里，称赞美国作家薛伍德·安德生（Sherwood Anderson）的写作功力，说他既能捕捉中西部的独特神韵，又能赋予普世价值。他期许皮埃蒙特将来也能出现这样的文学作品，"不仅受到我们自己的重视，也能打动全世界"。

国际葡萄酒市场提供不可或缺的金钱报酬，让更多顶级好酒相继问世。但这样的"金援"也可能抹煞了独特性。如何才能让自家的酒广受欢迎，又不失独特，这正是安杰罗的挑战。芭芭罗斯科曾经历过彻底的改造，它也可以再次脱胎换骨，但安杰罗需要有人帮他一把。

拉玛（Rama）生病了，也接近退休年龄。现在行动正是时候。

"我想找的左右手，是一个可以和我对话的人，"安杰罗这么说，"可以分享我在国外的所学所闻，但又有自己的想法。我们得相互学习，这个人不仅仅是另一名员工而已。"

1989年5月30日

"吉多!"安杰罗跑下楼梯,走进吉多的地盘。

步入地窖的时候,你会先经过密闭无窗的旧酒窖,直接连在墙上的大型水泥槽从前是用来发酵的,还有一排排仍在使用的储酒大木桶。1969到1972年建了新酒窖,从这里的窗户向外看去,就能看到楼上庭院外所见到的葡萄园。酒窖最高的那一层摆的是压榨机,还有目前使用的发酵槽,旧款的材质是环氧镀层钢,新款则是不锈钢。楼下是装瓶区,再下一层是储酒区,最底层则放着小橡木桶,里面大多是要陈年的酒。

"有些父亲的老顾客不喜欢我们的新酒窖。"安杰罗说,"他们觉得这里不够诗意——光线太强、金属太多、太科技化了。"

他跨过一条水管,酒从这些管子由一个酒槽流向另一个。

"真好玩。"他想,"在其他领域,人们了解科技是种方法。去看牙医的时候,他们总是要最新最好的仪器,看牙速度快而且比较不痛。"他朝水管点了个头。"想想看,这个步骤本来是由人力来操作的:从大酒桶里把酒装在一种叫布兰塔(brenta)的圆锥形木桶中,容量大约十二加仑,然后背在背上,爬上梯子,倒进另一个桶子里。我猜,大概是体力劳动的景象,让四体不勤的都市人特别着迷吧!"

这种方式，是古式酿酒要做的粗活之一，但这样做，除了一路泼洒，还会让酒暴露在有害的氧气中。

　　"以前用的水泵力道太强了，现在改用较温和的。酒窖改建后，我们将少用水泵，多靠地心引力。"他露出满意的微笑，"这样才叫进步！"

　　突然间，一大团蒸汽从发酵槽后面冒出来。你可能以为吉多会光着身子，腰间围条毛巾走出来。安杰罗笑了。不，他们不是在洗土耳其浴。

　　唯一会比管理良好的酒窖对病菌还要戒慎的地方，就是一间管理有方的医院。就我们所了解，葡萄酒和人如果生病都来自同个祸源，这是巴斯特（Louis Pasteur）在十九世纪后半期的重大发现。用华氏一百五十度的蒸汽来清洁酒窖，可以避免使用可能会污染葡萄酒的清洁剂。安杰罗又开始讲起"诗情画意"的过去："在只能从井里汲水的年代，你能想象要保持酒窖干净有多费功夫吗？"

　　在百码外的都灵街上，卢吉·卡瓦罗比手画脚、言犹在耳。"别误会，"他坚持道，"酒窖一直都干干净净。但安杰罗当家的时候……"他翻转着手掌，表示局面大不同了。

　　安吉罗·蓝博也记得早些年的情景。

　　"安杰罗一直督促我们要把木桶彻底清干净。但拉玛总是说'随便刷刷就行了'。他觉得安杰罗这年轻人太挑剔。"

　　走在不锈钢酒槽旁，安杰罗显得身形渺小，他又大喊了一次。

　　"我在上面。"有声音从袅袅蒸汽间传出。一个身影从酒槽后方的狭窄通道爬下来，身手如猴子般矫捷。安杰罗走上前去和吉多交谈，他们说的是卢吉·卡瓦罗的语言，但对话中不时出现德国、斯德哥尔摩、日本这些遥远的地名。

　　吉多年近五十，头发渐渐稀疏变灰。他是土生土长的芭芭罗斯科人，住在离芭芭罗斯科不远的小村 borgata of Montestefano，那儿四周都是葡萄园。

　　回想自己早年的生活，吉多说："我们那时什么都没有。"回忆一旦起了

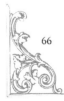

头，他就像只闻到松露的狗儿。快乐的童年，是埋藏在记忆中的无价之宝，让他整个人亮了起来。

今昔大不同！这点从松露的价格也看得出来，现在阿尔巴的松露一磅要一千美金。吉多小时候常和叔叔养的狗儿玩耍：“狗狗偶尔会闻到一颗松露，我就会把它挖出来，但我不是很在乎，卖松露赚不了什么钱。当年的松露没那么值钱，唯一的商家在阿尔巴，算算来回火车票和牺牲的工时，最后赔的比赚的多。”

吉多是在葡萄藤间长大的，葡萄酒一直是他生命的一部分。

“我还在襁褓中，妈妈就会在采收时把我带到葡萄园，当时很多母亲都是这样。我八岁起就在葡萄园里帮忙了。”

他父亲卖葡萄给安杰罗的父亲，有些卖给巴罗洛的大酒厂弗芮达（Fontanafredda），也留些给自己酿酒。

“当年我们只有一个手动水泵，我还记得在酒窖里忙几个小时的情形。”他说道。

对里威拉一家来说，混种农作物也是天经地义的，“葡萄只是其中一种作物。”

吉多扳着手指头数，“小麦、玉米、鹰嘴豆、豆荚——你叫得出名字的，我们都有。这些全都和葡萄混种在一块儿，农家希望能养活自己。”

牲口也是不能少的。吉多的眼睛闪闪发光，像个孩子似的。

“我们常和牛玩耍，它性情温和，脾气很好。我仍然记得它脖子上被牛轭磨出来的茧。有时候我在清晨四点就把牛牵出来，带到叔叔的农场去工作。”他顿了顿，“我爸爸的最后一头牛养到1966年。”

吉多变得若有所思。

“那时的步调很慢，我们不知道什么叫做压力。我不时会怀念旧日的时光。”他拍了一下膝盖，像是要打断自己的沉思。“但我可不怀念以前那种不安全感。"

1950 年代，靠酿酒维生没有什么前途。连着好几年都很糟糕，霜害和腐病的问题很严重。吉多的两个哥哥，从十几岁开始就到费列罗工厂工作。

"想想看，"吉多大声说，"他们替家里带来两份固定的收入。这在当年可是了不得。"

随着经济快速起飞，吉多到阿尔巴的葡萄酒学校念书。他每天早上要走一英里路去赶火车上学，下课回家的路更远，即使搭一段便车仍要走一大段路。他一毕业就到米兰一家大公司上班。

"那是不折不扣的加工厂，根本不在乎品质监管，我们甚至不知道葡萄打哪儿来！我们的工作只是让酒稳定，如此而已，公司甚至也生产苦艾酒。"

安杰罗每次去米兰公干都会顺道去看他，谈谈对未来的计划。1970 年2 月，吉多开始到嘉雅酒庄上班。

"安杰罗的想法让人兴奋，而且我也想回芭芭罗斯科。"

因为长年的交情，他们之间有种兄弟情谊，颇有义结金兰之风。看着安杰罗和吉多用方言自在地谈论近况时，很难想象两人少了彼此会怎样。就像爱情与婚姻，马匹与马车，嘉雅与里威拉，焦不离孟、孟不离焦，但是情同兄弟不代表彼此就不会起争执，幸好他们的性格很互补。

"吉多是个很棒的协调者。"安杰罗这么说，"我很有主张，但有时会不太切实际，吉多则让我们俩都脚踏实地。如果我和一个跟我一样，老有新想法的人一起工作，那就完了。"

吉多说："安杰罗从不把事情视为理所当然，他每次游历回来脑袋里总是充满新想法，他提醒了我，若没有他，我可能像其他人一样，日子过得一成不变。他总是凭直觉行事，而每件事都必须按我们的处境去求证。芭芭罗斯科可不是波尔多。"

安杰罗有源源不绝的创意源头，吉多则能放能收，就像圣罗伦佐的土壤，既能排水又能储水。安杰罗和客户及酒评家走得近,而吉多得专心对付葡萄。安杰罗负责踩油门,吉多负责踩煞车,他们想去哪里就能去那里。

"我们也有关系紧绷的时候。"安杰罗说,"只有一个人能代表酒庄,所以有时吉多只能隐身幕后。"

在芭芭罗斯科这样一个小村里,又是个举世知名的酒庄庄主,安杰罗必须步步为营。他对潜在的利益冲突很敏感,所以从来不愿涉足地方政治。吉多曾经当过助理村长,但自那之后他一直都很低调。

"吉多很可能想当村长,也许会做得很出色。"安杰罗停下来思考,"他或许想独当一面,做番事业。"

两人对话一番后作了决定。无惧于彼此间的差异,他们的合作经得起时间的考验。

商量完毕,两人朝庭院方向往上走。安杰罗匆匆走回办公室,吉多则走进楼梯顶部的窄门里。

左边就是他的实验室,每当吉多提到这里,总是会特别加强语气。小房间里摆满了烧杯和瓶瓶罐罐。他满怀希望地望着院子的另一头,等改建完工后,他会有间真正的实验室,可以做些"重要的实验"。

再往上就是吉多的办公室,有张小书桌,几个书架塞满了书、杂志和影印本。

他指着那些资料:"安杰罗总是说我们要跟上最新研究,他说得很对。然而大多数的研究结果仍然充满了不确定性。酿酒的圣经还没有问世。"

他眨了眨眼。

"有时,不同研究会互相抵触,我感觉自己好像根本不懂酿酒这回事!"

吉多和酒一块儿长大,但在替安杰罗工作之后,"酒"这个字有了全然不同的含意。1970 年 5 月,他和当地的葡萄酒商组团前往勃艮地。这趟旅程让他开了窍。

"这是我第一次体验到真正的葡萄酒文化。"说到这儿，他整张脸亮了起来。"你可以从博恩（Beaune）的空气中闻到，从餐厅侍酒师倒酒的方式里看到，酒不仅仅是另一种饮料而已。"

　　吉多和酒庄一起成长，他必须非常努力，才能保持在同一个水平。

　　"我开始在这工作的时候，我们只生产五款酒，全是红酒。酒庄从不会在 9 月 20 日以前开始采收，而且最多只持续一个月。就算在那个月里，情况也不像现在这么紧张。我们现在酿白葡萄酒、新的红葡萄品种，还有以原有的品种酿制的新酒款。去年，我们第一次用塞拉龙加的葡萄酿酒；另外还有那些小橡木桶，他们可比大木桶更花功夫。"

　　吉多深深地吸了一口气。

　　"想想看！去年我们在 8 月 24 日采收的白苏维农，比几年前提早了四个星期。"

　　吉多是酒庄里最劳心劳力的人，也负责值夜班，他酿的酒被全世界评论、比较、打分数。以嘉雅的名望与价格，众人的期望甚高。

　　"嘉雅就像意大利的尤文图斯队（Jeventus），"他幽默地拿意大利最知名的足球队来比喻，"非赢不可！"

　　吉多或许有非赢不可的压力，但他并未失去酿酒的热情。

　　"学海无涯！"他这么说，"关于酒，最棒的一点就是——永远充满了惊喜！"

　　"吉多到酒庄时，大家都很惊讶。"安杰罗说，"大多数人对酿酒师抱着怀疑的态度，因为这些人通常只替大公司工作。再说，像我们这样的小酒庄，掌舵人又这么年轻，还另请外人来酿酒，根本是前所未闻。"

　　安杰罗轻笑了起来。

　　"我忘不了我母亲听到这个消息的反应。她一头雾水，还问我：'那你呢？你要做什么呢？'"

1989年6月6-9日

在德国的高速公路上飞驰着，安杰罗的表情很严肃，看起来甚至有点凶。金牛座的他，有时看来就像头猛牛。嘴唇紧抿、横眉竖目，看他眉毛一挑，你会怀疑他是不是打算冲过来。

在办公室里，电话是他的主宰，但他的车里没电话。旅行是思考的时间，"和自己独处的时刻"。他聚精会神，就像现在。

突然，他弹了一下手指，说："Ok！"决定快如闪电，拨云见日。他往后靠，放松下来，脸上露出了舒展的笑容。

公路对安杰罗来说很重要，他很多时间都在路上。

"谢天谢地！"他开心地说，"这里没有政治人物告诉你，时速不得超过五十五英里。"开这么慢是浪费时间！他永远无法理解设低限速的做法，幸好在德国完全没有时速限制。

为了卖葡萄酒，这些挂着 CN 车牌的车从库内奥省一路奔驰到国外，如果范提尼看到这个景象，会怎么说呢？他特别强调劣酒与坎坷道路两者间的恶性循环，曾经这样质疑："为什么在这个进步的时代，许多路还是和两百年前一样；如果你的葡萄没办法运到市场上卖，就算丰收又如何？"

范提尼抱怨后，以一则"寓言"作结语：

71

"从前有座山坡未经开垦，犹如不毛之地。如今新路环绕，数年之间，此地摇身一变，成了繁茂的葡萄园，没有一块土地未经耕耘，现在若途经此地，就连苍穹也仿佛有了新貌！"

　　无速限公路不是德国唯一吸引安杰罗之处。德国也是全世界最大的葡萄酒进口国：年进口量约二亿五千万加仑，远远超过英国的一亿六千五百万和美国的五千万加仑。这里是安杰罗最重要的市场，他经常来。

　　每一次的旅程都是一场壮举。安杰罗就像一阵旋风，忙着和进口商谈生意、和葡萄酒作家观察市场、拜访餐馆老板、举办品酒会。

　　"许多人仍然以为这个国家只有啤酒和腊肠，根本不知道餐饮界的大改革。"安杰罗说。在欧洲，德国是仅次于法国，拥有最多米其林星级餐厅的国家。

　　安杰罗已经出差好几天，紧凑的行程开始让人吃不消。营销意味着里程和饭局，而且总是星光熠熠的饮宴。

　　下一站：巴登（Baden）附近的小镇，与法国接壤的瑞士北部。餐厅的主人同时也是这个地区顶尖酒庄的庄主。他进口安杰罗的酒，安杰罗也礼尚往来。主人的儿子曾经到过芭芭罗斯科，他带着安杰罗参观葡萄园和酒窖，然后在用餐前，领他试试自家酒款。

　　这顿是米其林二星大餐，店主不时过来关照安杰罗的用餐情况，看看他有没有尽情享用美食。"你一定要尝尝这道菜。"他坚持道。

　　安杰罗微笑向他道谢，这也是每日辛苦工作的一部分。

　　清晨的第一道曙光仍在地平线上徘徊，但安杰罗已经再次上路了。他的下一站是离法兰克福（Frankfurt）不远的威斯巴登（Wiesbaden）。

　　安杰罗很久以前就学到：世界不会走向芭芭罗斯科，因此他必须走向世

界。"跟波尔多不一样,意大利酒庄没有商业网络,我们必须要四处走访。"

他经常提到山谬·派比日记里的名句,但让他印象深刻的不是作家对侯伯王的赞美,而是这酒竟然能送到作家手中。

"唯一的办法就是把我们的酒送到人们手上,让他们品尝。我必须要激发热情,打响品牌知名度。这么做再自然不过了。"如今看来显而易见的事,当年却少有酒庄想到,而那时安杰罗早已风尘仆仆、四处拜访了。

"我知道顾客并不被动,关于葡萄酒的看法正在转变,人们愿意付高价买最好的酒,就连芭贝拉也不例外。你不能坐井观天,只有走出自己的小框框,才会理解。"

不过刚开始的时候,真的很不容易。

"人们问我的第一个问题永远是'这酒喝起来像勃艮地还是波尔多?'"芭芭罗斯科遭遇的困难,是今日所谓的形象问题。

芭芭罗斯科不像波尔多,比较像勃艮地:为数众多的小酒庄、零散的葡萄园、难照顾的葡萄品种。但勃艮地的形象魅力非凡,总和拿破仑这类赫赫有名的历史人物相提并论,逸闻轶事广为流传。

1907年,多明齐欧·卡瓦萨(Domenico Cavazza)替芭芭罗斯科撰书时,企图替酒增添一些历史的荣光。他引述某位将军冯·梅拉斯(General von Melas),曾在1799年11月6日订购了芭芭罗斯科的酒,庆祝奥地利军队在附近的一场战役里击败法军。"冯什么?"读者看了不免这样心存疑问。酒的销量并未增加,所谓的订购,不过是那个时期军队进行征收的名目罢了。七个月后有场更重要的战役,两军在离芭芭罗斯科只有三十英里的马伦戈(Marengo)交锋,冯·梅拉斯吃了败仗,击败他的不是别人,正是拿破仑。如果当年拿破仑痛饮芭芭罗斯科来庆祝胜利,那么这款酒今日或许会像那天大厨为胜利而做的新菜——马伦戈炖鸡一样,远近驰名。

芭芭罗斯科不但位于阿尔卑斯山错误的那一边,也在阿尔巴错误的那一边。

　　"不管我去哪里，人家介绍时，总说我的酒很像巴罗洛。"安杰罗这么说。

　　巴罗洛也许比不上勃艮地，但还是胜过芭芭罗斯科。在意大利，它以"王者之酒、酒中之王"著称，因为这款酒总是和卡洛·阿尔贝托（Carlo Alberto）和维托里奥·埃马努埃莱二世这些国王的名号连在一起。加富尔以及法莱蒂（Falletti）这些贵族也在他们熟识的名流之间大力推广。

　　1966 年，《蓝登书屋辞典》（*Random House Dictionary of the English Language*）出版，里面有一则巴罗洛的词条，但没有芭芭罗斯科。这是美国人弄错了吗？隔年另一本关于皮埃蒙特美食的书出版了，作者是意大利顶尖美食作家马西墨·奥伯里尼（Massimo Alberini）。作者花了三页的篇幅讲述巴罗洛的历史掌故，其中颇多溢美之辞。"此酒已堂堂位列欧洲顶级好酒之一，与梅多克，如玛歌堡和拉菲堡（Château Lafitte 原文照刊，译注：正确写法为 Lafite）并驾齐驱。"此书唯一提到芭芭罗斯科的地方，是在"其他酒款"的列表里，评价是它与格丽尼奥里诺（Grignolino）和布拉凯多（Brachetto）类似——这恐怕算不上什么好评，所谓近朱者赤、近墨者黑。

　　芭芭罗斯科始终在巴罗洛的阴影之下，关于这个难题，卡瓦萨的解决之道很简单。他的推论是：如果你打不倒对方，就加入他们的阵营。1892 年，他提议三款得到官方认可的酒——巴罗洛、芭芭罗斯科和阿尔巴的内比奥罗（Nebbiolo d'Alba）——同列该地区最顶级的酒款。这项提议未获支持，因此他转而提倡"芭芭罗斯科"作为酒名。虽然以往有少数酒款也简称作芭芭罗斯科，最早甚至可回溯至 1870 年，但这款酒向来都被称为芭芭罗斯科的内比奥罗（Nebbiolo di Barbaresco）。

　　嘉雅决定不从巴罗洛买葡萄后，付出了很大的代价。"六十年代末期，有家德国大进口商，尝过我们的芭芭罗斯科后非常感兴趣，他打算进口，但坚持要附带巴罗洛，因为那比较有名气。最后，他决定和巴罗洛的大酒商合作。"

安杰罗的笑容里带点嘲讽。

"我花了二十年才摆脱巴罗洛的阴影。"

威斯巴登，米其林一星的餐厅。安杰罗离桌去和餐厅老板聊天。酒侍倒了一瓶 1984 年份的佳亚蕾。尽管安杰罗不在场，酒侍依然这么说："这款夏东内是我们酒窖里最好的白酒之一，而我们收藏的可都是上等好酒。"

同桌的还有一位财经与葡萄酒记者，他替法兰克福日报撰稿，这是德国最有分量的报纸。同行的还有他的妻子，一位法文教师。整个谈话过程低调轻松，英法语交错，偶尔夹杂几个意大利单词。

"很有意思，"记者提出他的观察，"顶级内比奥罗的风味特殊，一开始也许会让人退避三舍。起先我一点也不喜欢，然而一旦被吸引，就彻底被俘虏了。"他的妻子在一旁热烈地点头微笑："内比奥罗就成了你的终生挚友。"

安杰罗从法兰克福往东南方向开，朝慕尼黑（Munich）走，大约一百英里外的乡间有个豪华酒店。

"终生挚友。"他讲，"说得真是太好了！"这位金牛座温柔地说，"但说这话的永远都是外国人，这点毫无疑问。只有外国人才会这么说。"

让安杰罗打开话匣子的主题有很多，外国人就是其中之一。

"外国人扩展了意大利顶级葡萄酒的市场。不只在国外，在意大利本土也是如此。"他弹了一下手指，大叫，"一点也没错！"

"随便找家蓝葛区的高级餐厅，看看停车场的车子打哪儿来？大部分的车牌都是德国、奥地利，或瑞士。谁会点顶级巴罗洛和芭芭罗斯科？外国人！"

他越说越起劲。

"上星期有天晚上，我在芭芭罗斯科附近的一家餐馆用餐，有群德国人走进来，他们一行六人，就坐在我们旁边。你猜他们点了哪款酒？一瓶圣罗伦佐特级葡萄园，加上一瓶基亚可萨（Giacosa）酒庄的圣斯特凡诺（Santo Stefano）！"

　　圣斯特凡诺是内华镇（Neive）葡萄园的守护神。而布鲁诺·基亚可萨（Bruno Giacosa）在内华葡萄园所生产的芭芭罗斯科，是唯一可与安杰罗的顶级酒媲美的。要让这些圣人降临在你的餐桌上是需要付出代价的，付账时可别被天价给惊吓到了！

　　安杰罗有三分之二的酒都销往国外。

　　"直到七十年代末、八十年代初，我们才有了真正的突破。"他说。波顿·安德生（Burton Anderson）在1980年出版了第一本意大利酒专著《论酒：意大利名庄名酒》（Vino），意大利酒才开始引起一些具有影响力的杂志的关注与重视，特别是在美国与欧洲的德语地区。在七十年代末，嘉雅酒庄每四瓶酒就有一瓶销往国外。

　　早在一个世纪前，1870年代末期，意大利曾有机会挑战法国在国际市场的龙头地位。当蚜虫大举入侵，造成的破坏就和同年的普法战争一样惨烈；1870年之前，法国出口的酒约为进口的八倍之多，但十年后法国成了进口国，进出口的比例为三比一，接下来的几年里还翻了一倍。

　　蚜虫侵袭意大利的时间比较晚，造成的损害也没那么严重，时机似乎正好，但这关键的一步始终没有踏出。1870到1890年间，意大利的酒产量提高了一倍，但多数都是南方产的桶装酒。欧大维依旧不改毒舌本色，写道："我们出口的酒有八成都是用来混酿的原料，就算原料有市场需求，对我们来说也不是什么光彩的事。"

　　廉价酒的包袱至今依然沉重。意大利每年外销九千万加仑的酒到法国，但超过九成五都是用来混酿的桶装酒。意、法两国葡萄酒每年外销量差不多，约三亿加仑，但法国酒的价格至少比意大利的酒高出三倍。

"啊！法兰西！"安杰罗叹道，"那是最难打进的市场。"当地有些三星餐厅会进口他的酒，远比酒的实际销量好，至少他有只脚跨进门里了。"或许应该说，是一个脚趾头。"

"我可不是在抱怨。法国教会全世界如何饮好酒，而所有美酒爱好者都是我们的潜在客户。"

到目前为止，这地方最精致高级，五星级的。安杰罗和一对年轻夫妇用餐。他们原本在学术界，现在从事葡萄酒进口与酒评工作。受到先前职业的影响，他们谈吐里多少带些说教。

"葡萄酒世界和学术园地哪个比较有趣？"安杰罗这么一问，让他们放松、大笑起来。一口清爽的丽丝玲（Riesling，也译雷司令），替他们的回答下了最好的注脚。

"老一辈的葡萄酒作家是死忠的法国酒迷。"那位先生这么说，"但年轻一辈没有先入为主的成见。有些人甚至比较喜欢意大利酒，对它们也知之甚详。"

妻子也说："十年前没有人知道皮埃蒙特的好酒有哪些，现在这些酒大受欢迎。"她说着望向安杰罗，"猜猜看是谁的功劳？"

前往慕尼黑的路上，安杰罗加足马力全速前进。有两顿饭局等着他，中间还安排了一些会谈。

六十年代的皮埃蒙特酒商们应该不会想到，让他们的顶级酒在德国闯出名号的大功臣会是安杰罗。

"我们的酒庄在别人眼里是异数。"安杰罗说，"像是用扑克牌堆成的城堡、摇摇欲坠。直到1970年，大部分酒庄梦想的是扩大规模，最好是年产好几百万瓶的大工厂。有人预测低价酒的消费量会增加，大家都觉得小酒庄不可能外销，更别提高价卖酒。"他笑了笑。"现在对廉价、劣质酒的需求越来越少，小而美才是主流。"

安杰罗的第一个行销手法是从餐厅着手。他的父亲把酒装在大酒罐里，卖给顾客让他们自行分装、在家饮用。

"私人客户帮助我们度过困难的时期，但那就好像我们的酒只能私下、偷偷摸摸地喝。餐厅则是个舞台，如果顾客喜欢这款酒，他会告诉老板，那么口碑就会传开。"

六十年代后期，越来越多的酒庄装瓶贩卖酒，大酒罐的销售方式渐渐被淘汰了。

锁定餐厅的销售方式还带来其他的成果，从六十年代中期开始透过经销商卖酒。"他们会说我们不能只卖芭芭罗斯科，特别是要卖给餐厅的话。价格不那么昂贵的酒可以趁年轻的时候喝。"出货一次至少要五箱，但一口气订六十瓶芭芭罗斯科，对许多潜在客户来说实在太贵。1967 年嘉雅买下了阿尔巴附近的葡萄园，开始酿造经销商要求的酒款：芭贝拉、多切托，还有阿尔巴的内比奥罗。

安杰罗的另一项创举是建立所谓的"内比奥罗阶级制度"。这是既能坚守品质标准，同时又能增加销量的做法。

根据意大利法令，凡是以芭芭罗斯科产区的内比奥罗酿制的葡萄酒，只要符合最低标准，就能冠上芭芭罗斯科之名。官方没有再做进一步的区分。对重视品质的酒庄来说，如果有批葡萄符合法定标准，但却配不上自家的更高标准，他们该怎么做呢？一定有某种折衷的办法，既毋须降低品质，也不用以低价大量抛售。

十年前，安杰罗就完成了这套阶级制度的架构：最底层的是小酒（Vinót），一款要趁年轻喝的酒，和博若莱新酒酿造技术相同，但品质好些；

往上一级是蓝葛的内比奥罗（Nebbiolo delle Langhe），不具法定原产地的身份；在品质与价格上更高一级的是"普级"芭芭罗斯科，年产量约十万瓶；最后，位于金字塔顶端的是单一葡萄园，每年只产三万瓶。嘉雅的第一个单一葡萄园酒款，是1967年的圣罗伦佐特级葡萄园。

当然，为了维持品牌，使其声望不坠，所以，如果年份表现未达水准，有时必须牺牲大部分，甚至全部的收成。1987年，安杰罗的芭芭罗斯科只有往常的一半；1984那年，则一瓶都没有做。

这时慕尼黑的市郊慢慢出现了，安杰罗摇了摇头：

"1984年份，是个极为痛苦的决定。"

三星餐厅里的午膳，和安杰罗同桌的是另一位记者，既写葡萄酒也报导财经。他的妻子是个酒庄庄主的女儿。"在法兰根（Franconia）酒区是数一数二的。"他说着咧嘴一笑。谈话内容十分随性：他们的意大利旅行计划、关于意大利葡萄酒的书怎么完成的等等。安杰罗除了照料葡萄藤，对酒的相关报导也十分留意。

这顿午餐够气派，米其林三星果然名不虚传。服务员推荐佳肴时始终面带微笑，主厨也会出面致意，给些餐点的建议。安杰罗看起来蛮享受的，面对满桌佳肴，就算撑肠胀腹，除了保持风度还能怎么办呢？

慕尼黑是个不折不扣的美食大都会。稍作休息后，安杰罗前往另一家星级餐厅，那里的酒单洋洋洒洒的程度就跟《战争与和平》（War and Peace）这部巨著差不多，酒单此时在他的进口商手上。他们俩都热爱美酒与飙车，他也是位高科技达人，每年将数百辆宝马（BMW）改装成高性能跑车，号称"世界上最快的四门轿车"。

他们喝的第一款酒是1984年的德国丽丝玲，"它不像1983年份的那么彪悍强壮，比较平衡，这款酒经得起陈年。"他说话抑扬顿挫，仿佛一位男高音歌咏他对丽丝玲的热爱。

丽丝玲与内比奥罗，一个生于德国，另一个属于意大利，还有哪两种葡萄比它们更加截然不同？但那些来自北方萨尔（Saar）与鲁尔（Ruwer）的丽丝玲酸度十分顽强，足以和芭芭罗斯科的内比奥罗的单宁相匹敌。内比奥罗不久前渐失地盘，丽丝玲也败在穆勒 - 图尔高（Müller-Thurgau）这个品种的手下，失利得比蚜虫害更惨烈。在国际市场上，丽丝玲的销量和夏东内相比，根本望尘莫及。这和内比奥罗的销量远低于卡本内苏维农的情形差不多。同样地，欣赏丽丝玲需要时间，但等时机一到，它会是另一个终生挚友。

酒聊完了，菜上桌了，晚宴才正要开始。

安杰罗再次上路，这回去的是瑞士，那儿对他有着特殊的意义，因为嘉雅的酒在瑞士德语区销量世界第一。

快到边界了，车子的时速表因高速而吱吱作响。"要是给我的进口商改装过，这辆车可以开得更快，"安杰罗说，"但也更贵。"

改装车就像世界顶级名酒一般，价格高不可攀，但却有属于自己的市场。付钱买品质，那是当然，但有一部分买的是名气。

"不久以前，价格仍然是个大问题。"安杰罗说，"直到两三年前，人们才改掉劈头就问价钱的习惯。"

意大利葡萄酒，包括芭芭罗斯科在内，向来默默无闻，所以意大利酒应该便宜卖，就这么简单。

"我永远不会忘记七十年代末的那件事。我的进口商在波士顿（Boston）安排了一场发布会，不少人来出席，一切进行得颇为顺利，直到他提起价格。"说到这儿安杰罗翻了翻白眼，"波士顿主流报的葡萄酒作家，竟然立刻起身走出会议室，根本没等品酒会开始！"

公路在瑞士的山区里蜿蜒。安杰罗瞄了一眼手表，守时是他个人的十诫之一。

"还有一个问题是，我们和其他芭芭罗斯科酒之间的差价。"

波尔多与勃艮地的葡萄酒，有金字塔形的分级制度，不是有官方分级制的背书，如波尔多，就是有传统的分级法，如梅多克。大家都能接受拉图堡比一般的波尔多酒，或波亚克其他酒庄来得贵。

"在七十年代的美国，量产型的芭芭罗斯科只要几块美元一瓶。'为什么嘉雅的要十块钱？'人们会这么想。所以我得让他们亲自品尝。"

到了八十年代，嘉雅开始全力冲刺。连续三年歉收之后（1972年甚至凄惨到没有任何酒庄生产芭芭罗斯科），有着两个优秀的年份：1978与1979。他在1977年成立了一家进口葡萄酒的公司。

"那公司完全是个偶然。"安杰罗这么说，"有朋友请我推荐罗曼尼康帝的进口商。我推荐了几个人，他回电给我：'你为什么不自己来呢？'"

安杰罗的眼睛亮了一下。

"这让原本默默无名的我沾了一些光。"他笑着说，"在美国，他们都知道我是罗曼尼康帝在意大利的代理商！"

1987年，公司拓展了业务。如今安杰罗从全世界进口"最顶级"的酒款，名单一年比一年丰富，同时也是奥地利知名酒杯醴铎（Riedel）在意大利的独家代理。

"由于进口葡萄酒，使我拜访酒庄时不再像个观光客，而是一名客户。"安杰罗回忆道，"我学到了许多生产与行销经验，也更了解其他的酒区。"

在回想过去的当儿，他突然拍了自己额头一下。

"那曾是我的大好机会！"他大声说，"原本可能替我省下十年的奋斗。"

1965年，一个炎热的夏日午后，有个美国人到酒庄来说要买酒。他在米兰尝过一瓶酒庄的芭芭罗斯科，感到惊艳，于是立刻驱车前来。

"对我父亲来说，美国客户简直就像科幻小说里的人物。"安杰罗窃笑，"说不定他是从火星来的！"

来的人是舒恩麦可（Frank Schoonmaker），乃美国当时最重要的葡萄酒作家和进口商。舒恩麦可的成就不仅是以品种替优质加州葡萄酒命名，他也是勃艮地酒庄自己生产瓶装酒的推手。最重要的是，他不但是当年最具影响力的人，而且对内比奥罗情有独钟。他在 1964 年出版的《葡萄酒百科全书》（*The Encyclopedia of Wine*）里，对内比奥罗的描述是"优秀的意大利红葡萄，世界顶级品种之一"。巴罗洛"绝对是一款好酒"，而芭芭罗斯科是"一款尊荣杰出的葡萄酒"。他就站在那儿，在嘉雅的酒庄里，和当年二十五岁的安杰罗，以英语、法语交谈着。

整个过程仿佛一出荒谬喜剧。"一出悲喜剧。"安杰罗说。

"很不幸地，与其说那是交谈，不如说是冲突。我太年轻又没有经验。他单刀直入地问：'你们有多少瓶酒？'我以为他想把整个酒厂的库存买下来。那个大诘问让我不知所措。"安杰罗顿了顿，"现在我才知道，这样的问题是稀松平常的，进口商必须对采购数量有个概念。"

安杰罗至今依然不敢置信。

"我连要听懂他说什么都有困难。他说我们的酒标看起来更适合当橄榄油标，我以为他要整个改掉，后来才知道他只是要加上自己的标签'舒恩麦可的精选'。"

在一瓶芭芭罗斯科上贴上这样的标签，一切局面都会截然不同！

"那时候我压根儿不知道他是那号人物，过了好几年，我才听说他的种种事迹，差点没晕倒！"

午餐是在一家三星餐厅，吃过的米其林星星现在已经累计到十二颗。

酒侍诚挚地欢迎安杰罗，他曾去过芭芭罗斯科，而且一直记得所品尝的"美酒"。安杰罗在酒单里找，他的酒也在上面，这真是很有成就感，但酒却被归类在托斯卡纳的酒区里！安杰罗表现得倒是很有风度。"只是一时疏忽。"他淡定地说，"任何人都可能犯同样的错。"

一位瑞士葡萄酒作家和他一起用餐。"瑞士有什么新闻吗？"安杰罗问，然后全神贯注地倾听。

上菜了，安杰罗很热情地说："完美极了！只有真正的天才能烹调出这样简单却精致的料理。"

菜肴源源不断地送上来，安杰罗看起来越来越像个摇摇欲坠的拳击手。他躲过了几道菜，但结局可想而知。这些食物不需要靠一记重击来让他倒地不起、进入读秒。时间一长，再轻的东西也会变重。这些菜就像年轻的拳王阿里，像蝴蝶一样翩翩，却像蜜蜂一样螫人。

安杰罗的处境岌岌可危，不是为芭芭罗斯科坚持到底，就是一败涂地。

从法赛特看过来，景象让人感觉很不自在。牵引车一面发出嘶吼，一面冒着烟，像台坦克车轰隆隆地在特级葡萄园里喷洒药剂。葡萄园成了化学战的战场！

攻击就是最好的防御，但即使透过望远镜，也完全不见敌人踪影。这一切的喧嚣与骚动是不是某种武力的展示？

然而腓德烈克坚持危机就在眼前，但所谓的敌军，似乎只有两个，竟要这么大张旗鼓地来对付！这两个家伙"粉粉"与"绒绒"（译注：Powdery，粉孢病；Downy，霜霉病），仿佛是从迪士尼老电影里出来的角色，可爱得让你想要搂搂他们。

"披着羊皮的狼！"腓德烈克气冲冲地说。他们根本是扮猪吃老虎，伪装成兔宝宝的黑手党毕斯·西格尔（Bugsy Siegels）。他很了解这两号人物，现在唯一的问题是：谁是葡萄园的头号敌人？谁是二号敌人？

粉孢病、霜霉病与蚜虫害并列葡萄三大病害，都是在十九世纪后期，不慎由美国抵达欧洲。"粉粉"另一个比较常见的说法是粉孢病，"绒绒"则是意大利人所称的霜霉病。前者因为在葡萄藤上形成一层灰白的粉霉而得名，后者则是因白色绒状病斑。两者皆属于真菌类，由于自身缺乏叶绿素，

84

无法经光合作用获得养分，只能寄生在其他植物上。

这些真菌足以致命，但它们不过是目前已知的十万种菌类的其中之一。真菌中也有不少益菌，而且贡献卓著！特异青霉（Penicillium notatum）就被用来提炼最早的抗生素盘尼西林，挽救了无数生命。蓝酪霉（Penicillium roqueforti）则改善了无数人的生活。另一种真菌——贵腐霉（Botrytis cinerea），是葡萄园里的化身博士〔译注：Dr. Jekyll and Mr. Hyde，又译《变身怪医》，是史蒂文生（Robert Louis Stevenson）在1872年所发表的恐怖小说，描述杰齐尔博士发明变身药后，在夜晚化身为海德先生四处行凶〕。对大多数的葡萄而言，它叫"灰腐"，就和海德先生一样恐怖，但对那些专门用来酿甜酒的葡萄来说，它则摇身一变成为"贵腐"。当你享用索坛贵腐酒（Sauternes）和蓝霉乳酪（Roquefort）的绝配时，可别忘了这位有双重身份的真菌所赋予的飨宴！

虽然这些有害的霉菌在植物类中都属于真菌界（Mycota），但他们分属不同纲。粉孢属于较高级的子囊菌纲（Ascomycetes），与松露、羊肚蕈同纲，还有酵母——没有它就没有酒；霜霉则属于较低级的藻状菌纲（Phycomycetes），与恶名昭彰的马铃薯疫霉同纲——1845到1848年间爱尔兰大饥荒的祸首就是它。

尽管不同，但两者的掠食行为十分类似。当这些白色恐怖在葡萄藤间蔓延，细丝穿透叶片细小的毛孔，也就是气孔，再用它们的球状分支吸根吸取细胞内的养分。缺乏营养的叶片不再鲜绿，继而枯萎、坠落，葡萄因而无法成熟。葡萄本身可能会崩裂，继而遭到灰腐的攻击。

根据历史记载，粉孢病是头一个袭击欧洲葡萄园的疫病。可能是在十九世纪中期，由美国的植物标本带进了英国，然后波及到蓝葛区。这是欧洲葡萄园头一回遭到病害侵袭，因此当时这种病仅仅被称为"葡萄病"，然而在毫无防备的情况下，疫情却蔓延得很快。

据范提尼的说法，许多农人都把粉孢病视为"上帝的惩罚，想要逆天而行，不但愚蠢，而且无济于事"。就连硫磺粉被证实能有效预防病害后，许多农民基于宗教的理由依然坚持不用，乃因在《圣经》里，硫磺和撒旦有关联。

讽刺的是，率先采取行动、说服农民用硫磺对付粉孢病的正是教士。一位皮埃蒙特的主教罗萨纳（Monsignor Losanna），出版了一本如何防治粉孢病的小册子；另一位巴罗洛村的神父亚历山德罗·邦纳（Alessandro Bona），也在布道时极力传播硫磺的福音。

到了 1860 年，危机总算告一段落，但留下的残局不忍卒睹。"所有以种植葡萄为主要收入的地区，全陷入一片赤贫。为了弥补葡萄酒的阙无，许多啤酒厂应运而生，甚至有人以苹果、梨子和其他水果来酿酒。"根据 1882 年出版的权威著作《意大利品种志》（*Italian Ampelography*）记载，粉孢病对内比奥罗来说是致命的一击。

特级酒区如波尔多也蒙受灾情。以著名的 1855 年分级制度中的四大一等酒庄为例（译注：第五大于 1973 年才升级为一等酒庄），1852 年粉孢病开始在当地扩散时，四大酒庄的总产量约六万加仑，但两年后遽减至五千加仑。

霜霉病约在三十年后发动攻势。一开始许多农民把它和粉孢病搞混了。他们责备硫磺失效，甚至怪到当时刚问世的铁路头上。1884 年时，卡瓦萨这么写道："葡萄生病了，无数的细菌在空中飞扬，当下，没有任何葡萄藤能幸免。"范提尼则说霜霉病犹如"一场瘟疫，能将果园变为荒漠"。同年在波尔多，尽管玛歌堡未受影响，每桶（约二百五十加仑）售价五千法郎，但拉菲堡严重受创，不仅生产的酒被波尔多酒商退货，而且每桶只能卖到一千五百法郎。

传统上用来预防霜霉病的硫酸铜（copper sulfate），是由波尔多大学植物系教授皮耶·米亚尔代（Pierre Millardet）无意间发现的：当时许多葡农将硫酸铜——它的颜色与著名的毒药醋酸铜类似，喷洒在路边的葡萄藤上，以防小偷。某天米亚尔代经过圣朱利安（St. Julien）一座葡萄园，发现整个葡萄园都受到霜霉病侵害，唯独喷洒过硫酸铜的幸免于难。

将硫酸铜与青柠和水混和而成的"波尔多配方"，就此成为葡萄农弹药库里重要的武器。第二次世界大战期间难以取得"波尔多配方"，芭芭罗斯科的农民拿铜钱、铜罐、铜锅研磨成粉，或者用酸溶解以取得其中的铜，在当时，铜甚至比黄金还珍贵。

"有些人甚至把电话线剪下来，好利用其中的铜线。"卢吉·卡瓦罗回忆。农民们已经习惯看到蓝色的葡萄藤，所以新研发的硫酸铜除了推出无色款，也保留原来的蓝色。

腓德烈克选择的喷剂是无色的。

"这样才能透光，不会妨碍光合作用。"他说，"不过老一辈的喜欢蓝色，因为这样一目了然，而且意味着：这个葡萄园已经喷过药了，做得很棒！宛如一种象征，就像你去看足球赛时挥舞的布条。"

硫酸铜其实对葡萄有害，特别是在低温的状态下，它会降低葡萄的活力，因此是品质监管的一项重要因素。硫酸铜有时也会造成负面结果。以前葡萄农总是不分青红皂白地喷洒，连开花期也不例外，那些嫩芽十分娇弱，而且很可能夜间温度过低。

皮埃特罗·罗卡说："有几年，农夫发现他们连颗葡萄都没有，因为葡萄藤都给灼伤了。"他顿了一下，"我们也犯过不少错误，就拿那些促进葡萄生产的生长剂来说吧！那时我们什么也不懂，只能听化学工厂推销员的一面之词。"

安杰罗回忆："卡瓦罗总是照着日历，定期喷洒农药，那是以前的方法。"但他曾经采取与传统背道而驰的做法。有一年当他认为霜霉病不具威胁时，便决定不喷洒硫酸铜。吉多对当时的场面记得清清楚楚。

"我们一群人在广场上坐着聊天，突然间有个工人冲过来跟他说了些话。你真该看看他脸上的表情！"

往事重提，安杰罗脸一红，拍了一下自己的额头。

"那次真够窘的！简直一团糟！"

在植物界的战场上，腓德烈克是个步步为营的战略家。他研究敌军的行为模式十分依赖情报，从不轻举妄动。他总是先拿少数的葡萄藤来实验，和其他作对照，比较结果让他可以避免无谓的喷药。就像有些人天生体弱多病，有些葡萄也特别容易感染病害。今年在圣罗伦佐的葡萄园里他没喷药，因为过去几年中，这里没有粉孢病。

如果有不寻常的情况发生，腓德烈克会向温和博学的保罗·卢奥洛（Paolo Ruaro）请教。卢奥洛是一位病害防治专家，在阿尔巴开了间顾问公司。他们也会讨论最新的研究进展，例如霜霉菌孢在秋冬的生长周期——秋冬雨量越少，则生长季时霜霉菌的威胁也较小。

"目前还不确定怎么处理。"卢奥洛说，"但根据所知以及可能性的推断，我们知道如何应对进退。"

腓德烈克决定现在不喷洒硫酸铜，因为他担心夜晚温度会骤降。再过一阵子他才会用，好增强叶片的抵抗力，防御病害与虫害。

粉孢病与霜霉病，哪一个杀伤力比较大？

"两者不太一样。"腓德烈克这么答，"霜霉病像正规军，粉孢病则像游击队。霜霉菌的军火充足，进袭时造成的损害比较大，但它也比较容易预测。"粉孢病跟霜霉病不一样，它几乎完全不受限。"风就是它的一部分，只要空气中有一点点薄雾，都足以引发攻击。"难怪在气候比较干燥的地区如加州，就毋须担心霜霉病，当然他们还是得对抗粉孢病，武器和腓德烈克现在用的一样。

"粉孢病的历史没有霜霉病那么久。"腓德烈克解释道。他们像是新一代的罪犯，完全不照老规矩，无法无天。

"我觉得它们随着农药一直在突变，粉孢病等天气暖和时才发动攻击，去年大约七月中的时候才发生，那时葡萄已经相当大了；几年前根本不会有这种情形。"

如果按照腓德烈克之前拿飞行打的比方，那么现在葡萄藤已经进入平稳航行的阶段。透过望远镜，你能看到小小的果串，因为在五月底的前几天，花期已经开始了。

腓德烈克笑着说："我告诉安杰罗，圣罗伦佐的开花期快结束了，他简直不敢相信自己的耳朵。"到了 6 月 3 日，虽然还有一些零星花束，但差不多所有的果束都已成形。"开花期可以短到三天，或长达十天。"腓德烈克说，"这视天气而定。"

在花期中，葡萄农最担心的莫过于果束太少。有部分受精失败是正常的，失败率也因品种而异。葡萄长势最强的时候正是开花期，因此生长与繁殖两股势力对养分的竞争非常激烈。

"那就像有两张嗷嗷待哺的嘴，一个是新生的幼果，一个是新发的嫩梢。伙食怎样都不够。"腓德烈克说。葡萄活力强，再加上春季多雨，那么结的果实只会更少。落果率（Colatura），法文又叫做 coulure，意思是受精失败的比例大于该品种的平均值。这也可能是大自然无心插柳促成好酒的方式，比如说 1961 年的波尔多。

"去年，我们甚至选了一座葡萄园，在开花期喷洒硫酸铜来增加落果率。我们希望果串不要太密集、葡萄数量少一点，这样可以避免秋天的腐坏风险。"疏果后可以让空气在葡萄间充分流通。

腓德烈克看着山谷对面的葡萄园，牵引机仍在洒农药。"过几天我们要再整理葡萄园，这时要赶上它们的生长速度可就不容易了。"

他和手下两个星期前才做过绑枝的工作，但葡萄藤又开始四处蔓生。

89

单日生长速度最快的是六月，当然这也要视气温、湿度和其他因素而定。最适于进行光合作用的温度，介于华氏八十到八十六度之间（摄氏二十六到三十度），气温升高则会减缓生长速度，当气温高达华氏一百度（摄氏三十七点七度）时，生长甚至会完全停摆。通常六月气温适中，今天是今年第一次超过华氏八十六度，四月的阵雨也为土壤蓄积了充足的水分。

"教科书上写着，一株葡萄藤在这个阶段一天长一寸，甚至更多。"腓德烈克说，"那些作者显然没想到内比奥罗。一株年轻的内比奥罗若种在够深的土壤中，它的生长速度比书上说的还要快两倍。我们的卡本内苏维农在一季里增加的长度只有内比奥罗的一半。"他说着，脸上露出会心的微笑。

"我还记得1984年6月中旬的某个周六，我在葡萄园里工作。天很热，但晚上很潮湿。等星期一回去一看，葡萄藤长了整整一尺！简直是生长大爆炸！"

圣罗伦佐的贫瘠土壤有助减缓生长势头，因此更显珍贵。

"去年这个时候，战事更激烈。霜霉病准备大举进袭。有整整三天，这一带的葡萄岌岌可危。"腓德烈克全身而退，但许多葡萄农则损失惨重。

这位战略家陷入沉思。

"我们没什么好抱怨的。"他咕哝着，"至少我们还能抵抗粉孢病与霜霉病。冰雹则让人毫无招架之力。"

他指的是几天前袭击塞拉龙加的冰雹暴。嘉雅葡萄园逃过一劫，但附近有座知名酒庄的损失很严重。

"想想看，那葡萄园离我们的不到一英里。前几天我经过那儿，看起来就像遭到轰炸似的，他今年一颗葡萄也别想采了。"

腓德烈克显得有些沮丧。

"如果1989被评列为巴罗洛的上好年份，"他悻悻然地说，"那么问问乔凡尼·康特诺（Giovanni Conterno），看到年份表时会作何感想。"

在酒之巅
The Vines of San Lorenzo

1989年6月11日

"四颗星！"安杰罗一面享用着妻子为他准备的一大盘生菜，一面大声称赞。这是欢迎回家的主餐，是他外出公干时吃不到的绿色美味。

露西雅·嘉雅很了解她的丈夫。只要有她在身边，这个跟跄的拳击手也能立刻恢复元气，在铃声响起时迎战下一回合。

露西雅长得漂亮人又活泼，她在芭芭罗斯科外围的一个小村落芭耶（Pajé，意思是秆草堆）长大，一如吉多的孟特斯特凡诺（Montestefano），你偶尔会在酒标上看见这些地名。1970年，她才十几岁，就到酒庄工作，这一年安杰罗不但找到了新的酿酒师，也找到了未来的妻子。他俩在相识六年后结了婚。

"露西雅本来跟当地其他的女孩一样，悠闲从容。"村里一位老人家这么说。"但和安杰罗在一起后，她的步调加快了。现在她跟他一样，来去如风。"

安杰罗倒了一杯他打算进口的波尔多，露西雅啜了一口。

"你觉得如何？"他问。

"先告诉我进口了多少？"她开玩笑地问。

"我会不会有点过头？有一大箱货已经在路上了。"

"我很喜欢！"露西雅说，"我超爱这款酒！"语调像小鸟啁啾。

"知道我为什么娶她了吗？"安杰罗笑着说。

大伙都很开心，谈笑风生，身心和谐。

露西雅现在负责酒庄的事务，除了长时间办公，她还要照顾两个女儿——佳亚（Gaia）与罗莎娜（Rossana），采买家用，还会亲自下厨，她甚至担心已经吃得很好的访客吃得不够。

"来尝尝这个。"说着把一道菜放上桌，她说这叫'Coon-yáh'。是什么？"基本上就是葡萄汁煮沸后，再慢火熬稠而成的。"露西雅解释，"秋天做这道菜是这一带的习俗，这让我想起小时候。"

但她不确定这个词怎么拼。Cugnà? 还是 Cougnà?

"你在说什么啊！"安杰罗叫道："咱们方言里的第一个长母音总是拼成'o'。"接着他举 sorì 这个词，还有其他的例子来说明。安杰罗兴致高昂，乐在其中。

一个简单的杠杆能成就奇迹。公元前二世纪，希腊数学与物理学家阿基米德（Archimedes）告诉叙拉古（Syracuse）的赫农王二世（King Hieron II）："给我一个支点，我就能撬动整个世界。"芭芭罗斯科就是安杰罗走遍世界的支撑，他的阿基米德支点，语言中也存在这样的杠杆定律。

"在我们家，面包配上 cognà 就算是一顿大餐了。"露西雅虽然还不到四十岁，但她这个年纪也足以记得艰苦年代。

"我们从来不曾真正挨饿，但也只有在圣诞节前杀猪时，才是一年里唯一能尽情吃喝的时候。那可是件大事，除了灌香肠，还会做其他许许多多的菜，邻居和朋友也会上门拜访。"

安杰罗也记得祖母养在院子里的那头猪。"屠夫来的时候它眼里充满恐惧。"安杰罗颤抖着说，"以前的民风或许比较纯朴，但有些事也比较残酷。"

这就是安杰罗成长、露西雅出生时的世界，一直到五十年代都没什么改变。老一辈的村民也如此传诵着。

冬天晚上到谷仓聚会的传统仍在，谷仓里因为豢养动物而比较温暖。而在这样的场合里，不可或缺的是吟游诗人（cantastorie），他们负责吟唱民谣，为宾客助兴。有些还闯出了名号，大为走红。

附近有座磨坊叫做三星（Tre Stelle），就在往阿尔巴的路上。村民每个月大概会去一次，把麦子磨成粉；村里有家店铺有烧柴的炉子，村民们会在傍晚时把面团送过去烤；横渡托那洛河的渡轮由四人轮班，每人负责一周。渡轮运行昼夜不断，所以在大半夜想渡河的话，可以把船夫叫醒；周末和假日时，村民在广场比赛"弹力球"，整个村子的人都聚在一块儿替自己的队伍加油。

今夜此时，回忆种种过往，兴高采烈的嘉雅夫妇所散发的温暖之情，媲美好酒。很难想象芭芭罗斯科也曾陷入残酷的第二次世界大战，但这些情景也随着回忆慢慢浮现。

阿尔巴当时被德军攻占，饱受英美盟军轰炸。后来被游击队攻下并占据了二十三天。蓝葛区成了反抗军与法西斯党徒间的内战战场，战争期间这里的死亡率是全意大利的两倍。

村里许多年轻人装备不全就被送上战场，加入库内奥省的军队，替墨索里尼（Mussolini）打仗，与德军一同远涉苏联，结果全军遭到歼灭。

1944 年 8 月 5 日，德军与法西斯同盟在芭芭罗斯科抓走了三十名人质，并扬言如果反抗军不释放手中的十一名囚犯，就射杀这些人质。乔凡尼·嘉雅当时在村里，他侥幸逃过了追捕，但对当天的情景记忆犹新。"卢吉·拉玛正在面朝庭院的窗前刮胡子，那些军人就这么冲进来，还没搞懂怎么回事，他们已经把他抓了起来，和其他人一起带到都灵去。"

卢吉·卡瓦罗也记得那些残暴的行动。"有一天，我正在葡萄园工作，我的狗突然吠了起来，吠声很不寻常。我跟着狗儿找到了一个年轻人，不过十来岁的小伙子，半埋在土里，裤子被剥光，屁股还露在外面。"卡瓦罗后来又挖出了两具尸体。

奥多·瓦卡的父亲加入了一支游击队，有天走在小路上的时候，差点被一个法西斯哨兵逮到，幸好他及时丢掉了武器。但因逃兵罪被逮捕，送到德军集中营，战末时他病得很重。"如果不是带着抗生素的美军及时抵达，我早就没命了。"他说。

就连与世无争的小村孟特斯特凡诺，也没能逃过暴力的魔掌。"游击队偶尔会上门留宿。"吉多的母亲回忆道，"有一回他们不得不丢下武器仓皇逃逸。"她和吉多的祖母还有两个阿姨，只好把武器埋在附近的榛树林里。她说："要是法西斯军队发现了这些武器，会把我们家烧成平地。"

但其中还是不乏一些趣事，比如战末盟军来到蓝葛区的时候，一名前游击队队员回忆起盟军飞机用来空投物资的降落伞，在空投后的第二天一早，"整个蓝葛区的阳台都挂着手缝的彩色尼龙内衣"。另一张照片，上面有三位美国黑人大兵，大摇大摆地通过阿尔巴市，当地人瞠目结舌的影像，令人莞尔。"他们一个包里装的东西，比我们所有人的加起来还多。"

虽然安杰罗明年就满五十岁了，但他喜欢放眼未来，尽管谈起过去可以让他提起兴致，不过还是有点难度，就像要他把车子的时速降到五十五英里以下一样。

如今，安杰罗待在芭芭罗斯科的时间不长，他经常要出差，总是不得闲。不久后他就要去勃艮地几天，与法国及加州顶尖酒商一同出席夏东内的研讨会。接着，他说起九月底将在巴伐利亚一座湖滨城堡举行的盛宴。

一位爱酒的德国富翁打算重现美食史上的著名盛宴，也就是所谓的"三皇宴"，邀请了安杰罗去参加。三皇指的是普鲁士的威廉一世（Wilhelm I）、他的儿子腓特烈三世（Friedrich III），以及俄罗斯的亚历山大二世（Alexander II），三人曾在 1867 年 6 月 3 日在巴黎同桌共饮，地点是当时最著名的食府——英格兰咖啡馆（Café Anglais）。安杰罗将会喝到当年三皇喝过的酒。不同的是，这些酒经过了一百二十二年又几个月的窖藏，其中有 1846 年格基尼酒庄（Domaine de Grésigny）的香贝丹特级葡萄园，1848 年的拉菲堡，1847 年的拉图堡、玛歌堡和伊更堡，以及其他顶级酒款。

"我必须穿古装。"安杰罗告诉露西亚。但第二帝国末期的时尚是什么？

安杰罗现在已经习惯快速换装了，但如果你在后台撞见他，比如现在这个时候，你仍然能瞥见，那个在成为国际酒界顶尖人物之前、来自芭芭罗斯科的小伙子。

"以前的安杰罗是个普通人。"蓝博这么说，当他说出"普通"两个字时，显然连自己都感到惊讶。"他会突然过来拜访，然后说'我们一起吃晚饭。'有时候卢吉·卡瓦罗也会加入我们。"

"我还记得他坐在广场上和我们聊天的模样，好像不过是昨天的事。"吉多说，"到小酒馆里玩牌、和男孩们说说笑笑。"

皮埃特罗·罗卡也记得每个星期天下午，他都会来家里喝杯咖啡。"安杰罗和我们坐在一块儿，抽着他惯常抽的雪茄烟。因为他老爸不准他在家里抽。"罗卡笑得灿烂。"安杰罗那时在村子里很活跃，他负责筹划庆典，大小事一手包办。"

这些往日光景已不复见，安杰罗经常要出差，一趟旅程才刚结束，另一段又将展开。安杰罗记忆中最鲜明的一趟旅程，是他 1974 年首次造访加州。

他所发现的新大陆不再只是地理上的名词，那里的确是个全新的世界。

加州葡萄酒当时正欣欣向荣，两款在 1976 年巴黎盲品会赢得大奖的酒，正好是安杰罗抵达加州前一年酿造的，它们分别是蒙特雷纳酒庄（Château Montelena）的夏东内，和鹿跃酒窖（Stag's Leap Wine Cellars）的卡本内苏维农。1974 年是加州卡本内苏维农的好年景，但却是波尔多连续三年的小年，这也导致波尔多过度膨胀的市场暴跌。在加州，葡萄园面积却年年增加，每年超过五万英亩。"加利福尼亚，我来了！"〔译注：典故出自于比尔·艾文斯（Bill Evans）的爵士乐专辑。〕这首曲子在葡萄酒界的排行榜节节上升。安杰罗也受到同样的乐音召唤，来到加州。

"这里做葡萄酒的都是专家。"安杰罗说，"大多数人从事这份工作是出于自愿，而不是因为继承了葡萄园。他们有资金，愿意投资，敢于实验。"

安杰罗忙着观察和吸收新知，一切令他目不暇接，甚至不只一次瞠目结舌。比如说，纳帕谷的顶尖酒庄罗伯特·蒙大维的当家酿酒师婕玛·隆（Zelma Long），是一位女士。

安杰罗回想道："让我惊讶的不只因为她是女性，还有她年纪轻轻，地位就这么高。"

当然，时年六十一岁的罗伯特·蒙大维本人的活力、干劲，以及不断实验的精神，更令安杰罗印象深刻。而老先生对这位祖籍相同、当时只有三十四岁的安杰罗也记得很清楚。

"安杰罗一点都没变。"蒙大维说，"当年的他就像现在一样：诚实、勤奋、知道自己要什么，而且点子层出不穷。"蒙大维仔细地想找出过去与现在的不同，然后他笑着说："他现在有名多了。"

蒙大维的父亲于1903年，从意大利中部的马凯（Marches）移民到美国，如今，他可说是加州葡萄酒界最具声望的意裔人士。皮埃蒙特对加州酒区的影响虽然甚少被着墨，却相当重要。

恩斯特（Ernest）与胡立欧·盖洛（Julio Gallo）的父亲离开故乡佛萨诺（Fossano）——该地距离阿尔巴只有二十英里远，途经阿根廷，1905年在加州落脚。他的两个儿子在1933年成立的盖洛酒庄，是全世界最大的酒厂，每年产量是嘉雅酒庄的八千倍；另一位意大利移民皮埃特罗·卡罗·罗西（Pietro Carlo Rossi）来自于蓝葛区的多利亚尼（Dogliani），他在1875年移民加州，离乡背井时受到英国作家罗勃特·欧文（Robert Owen）与约翰·罗斯金（John Ruskin）的影响，脑海中充满了劳动与公社的乌托邦念头。1881年他在索诺玛郡的阿斯蒂，成立了意大利语的瑞士群体（Italian Swiss Colony），乌托邦实验很快宣告失败，但却成了加州最重要的酒庄。

安杰罗对加州的酒界并非毫无批评，因为他很清楚，酿酒的乌托邦并不存在。"酿酒方式曾遭到许多剧烈冲击，有时滥用科技的程度几乎算得上是恐怖攻击。"

但加州经验对安杰罗影响很大。用法国品种、法式酿酒法，加州葡萄酒证明了他们也能在法国的场子里打败法国酒，或者起码能和他们平起平坐。加州葡萄酒，没有传统的包袱。

安杰罗早已受够了传统："加利福尼亚让我有勇气，做我想做的事。"

　　五月底，漫步在圣罗伦佐，葡萄园里一片花团锦簇，如果稍微留意的话，会注意到有块区域尚未开花，再仔细点观察，能发现这处的葡萄藤有别于他处。绿叶色深，摸起来比较粗糙，表面的凹处比较深，以至于叶瓣间偶有重叠，而且嫩梢也长得和其他的不一样，没那么茂密，茎节之间的距离也比较短。

　　就算是业余的品种学家也不难看出，圣罗伦佐里种了卡本内苏维农。

　　1973 年，有几排内比奥罗被砍了下来，嫁接上卡本内苏维农。变革的彩排悄悄地开始了，除了这块地的守护神，无人知晓。

　　"我们酿的第一个年份没什么特别。"只酿了几加仑，安杰罗回想道。酒庄当时并没有足够的设备可以做小型的酿造。"然而，令我们印象深刻的是，葡萄藤非常适应此地的土壤与气候，均衡地发展。"

　　几年之后，"山丘"（Bricco）面南的坡上，大约有五英亩的内比奥罗被拔除，休耕到 1978 年才种下卡本内苏维农，此时，公演正式开始。

　　意大利文的 bricco 意指山丘，但这可不是随便哪座山丘，而是芭芭罗斯科的"那座"山丘，就像碧肯丘（Beacon Hill）之于波士顿，有着特殊意义。这是进出芭芭罗斯科村的必经之路。

"我父亲曾经建议，把卡本内苏维农种在比较次级的葡萄园。"安杰罗说，"但我不想委屈它，不想让它走后门、偷偷摸摸地溜进来。"

　　当消息传开，山丘上的葡萄品种改朝换代，村民们无不震惊。"人们议论纷纷。"蓝博说，"有个葡萄农甚至对我说，我们的所作所为让他觉得丢脸。"而且他不是唯一有如此感受的人。你会以为安杰罗种了大麻，还是什么更糟糕的作物，因为"丢人现眼"、"罪大恶极"、"疯了"这些字眼，就是当时人们抛出的评语，让人至今记忆犹新。

　　就连安杰罗的父亲也难以接受这样的改变，因为最上面的几排葡萄藤，离往他家去的泥巴路只有几步之遥，每回经过，他总是摇头叹气："Darmagi！可惜啊！"

　　于是，安杰罗故意把第一年——1982年的卡本内苏维农命名为达尔玛吉（Darmagi，意思是"可惜"）。从此，出自皮埃蒙特方言的世界性词汇又多了一条。在此之前，世人所熟知的只有意大利的苦艾酒——潘脱米（Punt e mes，意思是"一度半"）。

　　回想起当年所造成的混乱，安杰罗也能理解。

　　"那就好比勃艮地的葡萄农铲掉黑皮诺，在一些如冯侯玛内（Vosne-Romanée）或杰维香贝丹（Gevrey-Chambertin）等重要酒区，改种外来品种，也就是非传统的葡萄。"

　　外来品种抢走了本地葡萄的饭碗，种外国葡萄等于背叛了传统。

　　铲除传统后，你会发现创新已在一旁、蓄势待发，但有时候维持的时间不长，比如说一款名为芭芭罗斯科的无气泡干红。但在传统之前，总还有另一个传统，品种的演变乃葡萄酒发展史上十分精彩的一篇。

　　卡本内苏维农之所以声名鹊起，是因为它在梅多克与格拉夫（Graves）的顶级酒庄里扮演了重要的角色。这个品种最初似乎是由古罗马人引进的，它的前身叫比图里吉（Biturica），十九世纪上半叶，才成为名庄如拉图堡的主要品种。当时，梅多克的顶级酒庄依然有白葡萄，以及其他在今日显得有违传统的品种，直到十九世纪中，卡本内苏维农才建立了它的首席地位。

与法国或新世界的同业们相比，安杰罗这位意大利庄主和"传统"的关系并不怎么好。意大利的传统往往狭隘，且带有地域色彩，充满繁文缛节，却少有建树。

法国葡萄酒除了拥有悠久的传统，也替全世界拟下顶级好酒的定义。有谁会想要挑战这样的传统？在新世界，甚至没有所谓的地方特色，或国家之光等传统的牵绊，酒庄们得以大展身手。奔富酒庄成立于1844年，比嘉雅还早了十五年，酿出名酒葛兰许的酿酒师麦斯·舒伯特（Max Schubert）前往波尔多取经，带着1949年的酿造经验回到澳大利亚，学以致用。当时卡本内苏维农在澳大利亚十分短缺，所以他改用西拉子（Shiraz，这是澳洲当地对法国品种希哈（Syrah）的称呼）。

安杰罗或许是第一个在芭芭罗斯科种卡本内苏维农的人，但说到栽种外来品种这件事，不管就皮埃蒙特或意大利来说，安杰罗都不是第一人，在他之前早有人开了先河。

圣马尔札诺的菲力浦·阿斯纳里侯爵（Marquis Filippo Asinari di San Marzano），这位在拿破仑统治时位居要津、萨丁尼亚王国的外交部长，早在1808年，就在距芭芭罗斯科不到十英里外的斯提留罗种植希哈。1822年，他从波尔多四大酒庄取得卡本内苏维农与其他品种的插条（1855年分级制度中，四大一级酒庄分别是侯伯王、拉菲堡、拉图堡与玛歌堡）。此外，他还从顶级索坛酒庄苏迪霍堡（Château Suduiraut）取得白苏维农与赛美蓉。他与萨丁尼亚驻波尔多领事有书信往来，在一封写于1825年11月18日的信中，罗列了拉菲堡栽植与酿酒的十二道详尽问答。阿斯纳里侯爵对外来品种很感兴趣，但也对传统品种，如内比奥罗充满热情，而且显然不认为两者之间有任何矛盾。当时在阿斯蒂一带，内比奥罗仍然十分普遍。

圣马尔札诺侯爵只是众多种植国际葡萄品种的人之一。1820年，蒙弗雷多·柏东伯爵（Count Manfredo Bertone di Sambuy）在马伦戈之役的战场附近，便已种了卡本内苏维农，因为柏东伯爵途经梅多克时，惊讶地发现该地的土壤与自己的甚为相似。在阿斯蒂附近的罗克塔托那洛（Rocchetta Tanaro），罗克塔侯爵里欧珀尔多·因奇萨（Marquis Leopoldo Incisa della Rocchetta）搜集的品种之多令人惊艳，他在1869年编纂的目录里，罗列出当时他所栽种的三百七十六种葡萄，点评卡本内苏维农为最佳品种之一，并向其他葡萄农大力推荐。

另一位杰出的皮埃蒙特葡萄品种学家，罗瓦桑达的朱塞佩伯爵（Count Giuseppe di Rovasenda），对栽植葡萄的传统描述得最为贴切："品种或许有其原产地，但往往不可考，但栽植并无国界之分。"

在意大利种植外来葡萄的并不仅限于王公贵族。1835年，来自萨瓦的香贝里（Chambéry，当年那里还是萨丁尼亚王国的属地）的柏丁（Burdin）兄弟在都灵创办了个葡萄苗圃，自此之后，法国品种就大规模地被引进皮埃蒙特。

许多有趣的实验持续地进行，安杰罗与吉多的母校——阿尔巴葡萄酒学校，早在十九世纪末便种了卡本内苏维农，并与多切托以一比三的比例混合，成果据说"令人振奋"。

然而，卡本内苏维农的种植并不仅仅局限于皮埃蒙特。萨瓦托·孟迪尼（Salvatore Mondini）在1903年出版的《意大利外来品种志》里指出，意大利六十九个省中约有四十五省能见到它的身影，就连罗马附近的葡萄园也可见到其踪迹。1881年，那儿有块葡萄园酿出了绝佳的葡萄酒，让酒庄声名大噪，而酒庄就位于如今罗马最时尚的住宅区——帕里奥利（Parioli）。

孟迪尼特别鼓吹卡本内苏维农对托斯卡纳酒的好处，"据观察，只要加一点点，就连最顶级的酒风味也会变得更好……值得一提的是它与桑娇维赛（Sangiovese）混合效果绝佳。"四分之三个世纪之后，托斯卡纳的两种新酒款，西施佳雅（Sassicaia）与天娜（Tignanello）带动了意大利酒的革命。它们的诞生不只归功于卡本内苏维农，皮埃蒙特也出了一份力。

1978 年，在英国葡萄酒杂志《品醇客》主办的一场盲品会上，1972 年份的西施佳雅击败了世界各地的卡本内苏维农而脱颖而出，这是它首度在国际酒市上崭露头角。这款酒出自罗克塔侯爵马里奥·因奇萨（Marquis Mario Incisa della Rocchetta）的酒庄。马里奥侯爵是皮埃蒙特人，也是里欧珀尔多·因奇萨的曾外甥，他对顶级卡本内苏维农的兴趣来自于他的亲戚——萨维亚提斯（Salviatis）于第二次世界大战前，在离西施佳雅不远的提瑞尼亚海岸（Tyhrrenian coast）所酿的一款葡萄酒。1880 年，萨维亚提斯在自家葡萄园种植的卡本内苏维农，则是来自伯爵在马伦戈附近的葡萄园，这也是葡萄酒现代史上，第一个有卡本内苏维农栽种记录的葡萄园，因此，西施佳雅可说和皮埃蒙特渊源甚深。

而天娜这款酒则由安东尼世家（Antinori）酿造，酿酒师吉雅科莫·塔基斯（Giacomo Tachis）也是皮埃蒙特人。他用十九世纪时的做法，将少量的卡本内苏维农与桑娇维赛混酿。

"我种这品种最主要的原因，"安杰罗说，"其实是测试自己是否能够达到国际的最高标准。论产量，卡本内苏维农在我这儿，永远不会多。"

卡本内苏维农也是市场营销的策略之一。它对芭芭罗斯科来说虽然是个外来者，却是国际市场的内行人，宛如一位外语流利的大使。安杰罗无疑有着强烈的求胜心，但他选择用运动竞赛而非战争来作比喻。他从来就没打算让卡本内苏维农取代内比奥罗，前者的主要作用是阻挡犯规，特别是在客场比赛的时候；后者才是嘉雅的明星。虽然达尔玛吉售价不菲，但安杰罗总是把价格定得比他那些单一葡萄园的芭芭罗斯科略低，因为，后者才是酒庄的招牌。

那些以为安杰罗疯了的人其实并不了解他，他也许会和外来品种调情，但绝不会背叛内比奥罗。他四处游历，足迹遍及意大利与海外，但这位芭芭罗斯科最有价值的单身汉，最终还是娶了家乡的姑娘。

卡本内苏维农是否像安杰罗与露西亚一样，从此在芭芭罗斯科的山丘上，过着幸福快乐的生活？当葡萄藤渐渐成长，达尔玛吉受到的评价越来越高，在众多知名酒庄并排品尝的酒会里表现也很好，1988 年的酒甚至在吉多个人荣誉榜里也占有一席之地。吉多替自己酿的酒打分数时极为严格，"我们快成功了。"他说。以吉多的内敛而言，这已近乎最了不得的赞扬。

"我们等着瞧。"安杰罗语带保留。他表情不变，但嘴角藏着微笑："如果我退休的时候，这款酒还不能达到他们的标准，就让我女儿把这些葡萄藤都给拔了，那时候会说'可惜呀！'的人，是我。"

祖国的子民醒来吧

光荣的日子到来了！

今天是法国大革命两百周年纪念日，腓德烈克正在哼着《马赛进行曲》（译注：本章《马赛进行曲》歌词出自梁启超《饮冰室诗话》），"我不知道什么是光荣的日子，"他一面看着晴朗的天空，一面打趣地说，"但今儿个天气真不错。"

他在圣罗伦佐的葡萄藤间信步走着，偶尔停下脚步，弯身查看一串果束，凝视良久。他的举动看似一种随机行为，但真只是随意走走，还是有章法？

"我在收集情报。"他说。

国防部再度动员，勇敢无畏地对抗着看不见的敌军。然而就算瞪着腓德烈克注视的地方再久，旁人也看不出所以然来。如果敌人就在此地，那他们的埋伏可说无懈可击。"你可曾听见斗士们奋战的嘶喊声？"《马赛进行曲》里对法国人民有此一问，但在特级葡萄园里，一切寂静无声，即使全神倾听，也听不到什么。此时用"顽敌正在酣睡，四周沉寂阑珊"来形容或许更贴切。这句歌词出自美国国歌《星条旗永不落》里较少传唱的第二段。十天前美国国庆日时，腓德烈克也曾哼过。

腓德烈克从口袋里拿出一个放大镜，这才暴露了敌人的行迹。但眼前的迹象究竟透漏了什么情报呢？

"这不是征兆，这就是敌人！"腓德烈克哼了一声说。

"拿起武器吧，人民！组成属于你们的军队！"在那里，就在一颗葡萄上，有颗小得要透过显微镜才看得到的透明卵。他们得洒药了。

就外人看来，腓德烈克似乎打算进行一场滥杀无辜的大行动。情报会不会有误？防卫只是屠杀幼小的婉转说法？

腓德烈克不是和平主义者，但也不是动辄拿枪乱开的好战分子。他的作战指示说明了一切。

"如果你现在不喷农药，一个月后也得喷，越晚喷，这些药就会跟着防腐剂和葡萄一起进酒窖。葡萄上的是蛾卵，一旦孵化，新生的毛毛虫就会破坏果皮、汲取果汁。"

当腓德烈克说"破坏果皮"时，他的语调仿佛宣告丧钟响起，想也知道钟声是为谁而敲。卡本内苏维农的果皮较厚，所以不易受侵害，但内比奥罗却是待宰的羔羊。八十年前卡瓦萨就提过，内比奥罗是蛾的最爱，"蛾可以说是昆虫界的美食家。"他这么写道。

腓德烈克走过几排葡萄藤，在一个白色塑胶箱子前停了下来，"这是个陷阱。"他说，"一个月前，我把它放在葡萄园中央，箱子内涂了一层黏胶，里面有个胶囊会释放费洛蒙。"

费洛蒙是一种个体分泌的气味，这种物质会导致同物种其他个体的行为反应。这是种信息素，就像荷尔蒙，只不过传导方式不是血液而是空气。在昆虫界，这些讯息可能与觅食或者御敌有关，但就像人类的费洛蒙，昆虫的费洛蒙主要还是与交配有关。费洛蒙的力量十分强大。曾被达尔文（Charles Darwin）誉为"举世无双的观察家"，十九世纪杰出的法国昆虫学家亨利·法布尔（Henri Fabre），在上个世纪的研究中指出，接收到雌蛾散发的费洛蒙后，一只雄蛾可以从七英里外，逆风飞来找伴侣。

雄蛾通常会先破蛹而出、展翅飞翔。陷阱里散发的费洛蒙会吸引雄蛾，它进了箱子后会被黏胶困住，腓德烈克就可以每天观察它们的数目，数量一达到高峰，他就准备行动。因为当雄蛾数目锐减时，表示雌蛾出现，开始分泌雌性费洛蒙。接着，两者交配、产卵，当箱内雄蛾数达到高峰约八天之后，卵就孵化为毛毛虫。

"有些农民，八天一到，就开始喷洒农药。"腓德烈克说，"但更好的做法是在第五或第六天时清点卵的数量，因为大气状况可能会带来改变，比如说风势，可能阻碍交配。"

他会随机检查一百个果串，如果蛾卵出现率大于十到十五个百分比，他就喷洒药剂。"这也要视葡萄园而定，有些容易腐坏，有些则不会。"

有限度地承受损失也很重要。"种食用葡萄的农民希望所有果实完美无缺，因为外表决定了一切。有些葡萄农在一季里会喷七到八次农药。"这种坚壁清野的做法，付出的代价就是农药的恶性循环——昆虫产生抗药性，以致用药量越来越大、喷洒间隔时间越来越短。

腓德烈克会估算好时间，趁毛虫刚孵化时将它们逮个正着，这时它们还很脆弱无法抵抗，也还来不及对葡萄发动攻击，但这次腓德烈克选择的不是化学武器，而是生化武器。

"环保的生化战。"他强调。

腓德烈克的武器是苏云金杆菌（Bacillus thuringiensis），它能使幼虫的消化系统瘫痪，但对人类、动物以及其他有益昆虫则无害。在溶液里混上百分之一的糖能使它更可口，然后选在傍晚时喷洒，因为直接的日晒会削弱药效。

安杰罗第一次看到这种捕蛾箱是在蒙波里耶，那是六十年代初的事了。

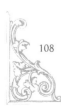

"想想看，"他说，"那时候在意大利，我们还看日历喷农药、用砷酸铅当杀虫剂。"

腓德烈克想到就害怕。

"砷酸铅是一级的杀虫剂！"他大声说道，"就跟DDT一样，那些分子是无法自然分解的；采用这类武器，就算打赢了也损失惨重。"

防治病虫害的化学药剂，按照毒性可以分为四级，第一级毒性最强，第四级最轻微。腓德烈克只用第四级的，它们的目标很特定，而且可以快速分解。他希望维护葡萄园的生态平衡，因此剂量要越少越好，并不时改用不同的药剂。他也尽量避免"地毯式轰炸"，这么做可能会消灭害虫的天敌，从而破坏了生态的平衡。

"看看二十年前，红蜘蛛与蝉的例子就知道了。"他说，"吉多常常谈起这件事。当时他们还以为再也酿不出好酒了。"

腓德烈克抹了抹额头。

"那是在七十年代初的一个七月底，天气非常热，大量红蜘蛛和少许的蝉侵袭了所有的葡萄园。这样的景象见所未见。"

后来发现，罪魁祸首是那年春天他们用来对付霜霉病的新喷剂，结果不但杀死了昆虫的天敌，也增强了葡萄藤的活力，而且叶片变得柔软。红蜘蛛以前只攻击树木和灌木，但这次把目标转向更美味的葡萄叶。一旦停用喷剂，所有问题都迎刃而解。

"就是这么回事。"腓德烈克说，"红蜘蛛在葡萄园里肆虐，都是因为我们做错了事。"

蛾类的威胁并不是环境遭到破坏的结果，在杀虫剂发明之前，蛾就是葡萄农的宿敌。范提尼曾描述葡萄农在夜晚提着灯笼去猎幼蛾，再用"大头针和镊子"消灭它们。

"这些蛾总有办法生存下来，而且比它们潜在的天敌还强。"腓德烈克忍不住要佩服这个敌人，尽管每次交战都败在他手下，但这些蛾总是能够苟存，不断地卷土重来。

但这只不过是腓德烈克要担心的诸多问题中的一件。过去一个月里，他和他的手下可没闲着，打从 6 月 12 日起，他们来过圣罗伦佐至少六次，不是为了防御，就是为了日常杂活。

腓德烈克老是在拨弄叶片，这里摘掉一些，那里挪一下。"拿叶子小题大作"，旁人也许会这么说，但行家的驳斥是："这叫枝叶管理（Canopy management）。"此乃葡萄栽植学新近发展的专业术语。

枝叶管理与产量息息相关。"被覆盖的叶片就跟寄生虫没两样，"腓德烈克忍不住发火，"他们不从事生产，只管吸收养分。"那些偷懒的叶片，没有履行光合作用的任务。此外，这个管理也有助于防御。

"这和叶片的多寡无关，而是和叶片分布的方式有关。"腓德烈克说。如果嫩梢没有绑在铁丝上，叶片就会夹缠不清，空气无法流通，湿度因而增加，就容易滋生各类霉菌，就连农药也无法完全渗透，此外，葡萄酒中也会有植物味。

腓德烈克疏理了一丛打结的叶片，把嫩枝引缚朝上。

"看看他们现在的模样，每片叶子都能晒到太阳。"腓德烈克调整葡萄嫩梢的样子，就像个注意细节的理发师，同时兼顾美观与功能。

"现在，人们常常在谈某个山谷或某个斜坡的微型气候，"他说，"但追根究底，微型气候应该是指每一个叶片，或每一颗葡萄。就拿两株紧紧相邻的葡萄藤来说，如果你用不同的方式栽培，它们各自的微型气候会截然不同，差异宛如相隔数英里之远；一株可能会结果，另一株不会；一株遭到腐病侵害，另一株安然无恙。"

他停了一下，摘掉一些叶子。

"我去加州参观的时候，注意到大部分的葡萄农，不像我们用垂直式篱

架（vertical trellising），只是让叶子搭在铁丝网上，他们不怎么在意葡萄藤的架构，似乎不需要特别费心照顾就能收成葡萄，我们却必须竭尽全力，因为加州的气候比较干燥，所以无须担心湿度所带来的问题。"

七月初，开始进行第二次的顶端修剪。嫩梢顶部的叶片必须摘除，这样可以暂缓生长速度，同时让养分转移到正在发育的果实上。

"在我们芭芭罗斯科这里，只有三四个葡萄农会这样做。在塞拉龙加还引起了不小的风波，大家都说这样葡萄不会成熟。他们想到以前有些农夫因修剪过度，反而对葡萄有害。"老话一句，平衡才是一切。

"去年我们动工的时间比较早，明年会比今年再晚个几天。要充分了解一个葡萄园，往往需要花上五年的时间。"

四天以前，这里下了十五毫米的雨。"谢谢老天。"腓德烈克大声说，"雨量不多，但至少缓解了旱象，不然葡萄藤就要受干渴之苦了。"四月下了几场大雨，但那是两个半月前的事，这期间的雨量少于三十八毫米。腓德烈克已经着手应付可能的干旱危机——明天准备翻土。"只是浅层的。"他说，"目的是让土壤在下次降雨时能够吸收更多的水分，也顺便除除草。这个阶段里，绝不容许杂草来和葡萄藤争夺养分。"

腓德烈克高举双手。

"再看看年份表吧！"他大叫，"看看哥佛尼（Govone）的遭遇。"那儿距离这里还不到五英里，这个月初已经下了三次冰雹，两星期的降雨量比圣罗伦佐两个半月的总降雨量还多了三倍。

腓德烈克拨弄着一片葡萄叶。"色泽完美，"他说道，"绿得恰到好处，不会太过鲜亮。"

腓德烈克一直注视着叶片，但他不是在找蛾卵，而是在思考。

"想象一下，叶片内部正在进行的工程，令人肃然起敬啊！"

光合作用是这世上最重要的化学反应，没有光合作用，我们就不会有食物，也不会有燃料，既没有石头堡酒庄（Pétrus，也译柏翠丝），也没有石油。石油就像煤和天然气一样，在早期的地质纪元，由光合作用所产生的植物残渣日积月累而形成的。

手中的叶片利用阳光提供的能量，将各种无机物，如水和二氧化碳，转化为有机化合物——主要是碳水化合物。葡萄之所以是最佳酿酒原料，就因为它所制造的碳水化合物不是淀粉而是糖，也就是葡萄糖与果糖。这两者可以利用酵母直接发酵，作为食用糖的蔗糖就办不到。

细胞叶绿体中的叶绿素，负责吸收太阳能，确保能够进行光合作用。二氧化碳经由叶片的气孔扩散，每平方英寸的叶片上约有七万个气孔，透过光合作用，植物每年转换了四千亿吨的二氧化碳。

有阳光照射的时候，叶片上的气孔会打开，夜晚没光线时则关闭。如果气温过高或水分不足时，气孔也会阖上，从而导致葡萄藤"罢工"，这也就是为什么在炎热和干旱的年份，葡萄无法熟成的原因。

腓德烈克刚刚有点发呆，现在哼起《马赛进行曲》的最后一段。

"今晚全法国都会放烟火，那一定很壮观。"他说。

但只要用心体会，眼前叶片奇妙的光合作用，其璀璨绝对不逊于今晚巴黎夜空的烟火。

1989年7月23日

这样一个夏日午后，如此静谧的星期天，会让人有种永恒不变的错觉。但记忆告诉我们，景象总是变幻无常。差不多半年以前，一月的某一天，山丘就像座浮在雾海之上的岛屿。

安杰罗沿着车道走来，左边是达尔玛吉葡萄园，右边则是晚几年才种的夏东内。

"以前这里种的是内比奥罗。"他朝夏东内点了点头说，"但总无法熟成，这里其实不适合内比奥罗，所以铲掉它也没什么好内疚的。"

安杰罗正打算去拜访一位老员工，朱赛佩·伯托（Giuseppe Botto），大家都叫他朱伯（Geppe）。他住在山脚下，马路在他家边上朝右大拐。

"朱伯见证了我在六十年代进行的一项重要变革。那时我们有五六名工人，全是当地的，但只有一个全职员工，其他人都有自己的葡萄园要照看。他们一星期来帮个几天忙，一到采收，想当然地，人人都忙得不可开交、自顾不暇。"

工人们都是卢吉的朋友，所以他希望维持现状，还建议安杰罗雇用更多的本地临时工。但安杰罗的计划更长远，他买进许多新葡萄园，除了山丘和马苏维这两块，还有更多新的土地，因此他开始向外地招人。

"那情况有点棘手。"他说。

安杰罗提到朱伯时，声音里充满了感情。朱伯正是他招募的第一个全职员工。1965 年，他从家乡多利亚尼村（Dogliani）来到芭芭罗斯科。

如果不把一路上的蜿蜒崎岖算进去的话，两者在地图上的直线距离，大约只有十五英里。在制图家的眼里，一英里就是一英里，但在蓝葛区，近在眼前的地方却可能远在天边。多利亚尼不但位于阿尔巴的另一头，也在巴罗洛的另一边。那里就连方言的发音和用词都不太一样。在多利亚尼，小葡萄园叫 autín，在芭芭罗斯科叫 vignót。在那里"嘉雅"的发音跟意大利话差不多，但在芭芭罗斯科方言里，"嘉雅"的发音比较像西班牙语里的"哥雅"（Goya）。那小村给人感觉很遥远，而朱伯正是那位来自十五英里外的"移民"。

"他费了很大劲才融入这里。"安杰罗回想道，"其他人让他的日子很不好过。"卡瓦罗总有一堆理由发脾气大吼大叫。多利亚尼那一带种的是多切托，所以朱伯并不熟悉内比奥罗。"他必须按部就班，照着卢吉的方法做，再小的细节都不能疏忽。等知道怎么做之后，还得跟他一样快，不然卢吉就会大发雷霆。"

朱伯现在已经七十岁了，容颜饱经风霜，他打开门，带我们进入另一个世界。在寂静笼罩的客厅里，只有电视机的存在提醒人们现在是二十世纪。屋子里的家饰看起来都很老旧，一幅圣母画像、一张已经泛黄的家族照。

安杰罗坐下来和他寒暄，说起了他当年怎么来到这里的故事。当朱伯开始讲古，人们就会迫不及待地想听下去。

"退休以后，能让他出门的只剩下两件事：他的菜园子和星期天的弥撒。"吉多说。

腓德烈克则说："在葡萄园工作的时候，如果和多话的年轻工人分在同一组，会让他很不自在，而且一整个上午，他可能说不到两三个字，就算只听不说，对他来说也是折磨。"

在第二次世界大战期间，朱伯被派往苏联打仗，他的腿上长满了冻疮，接下来的情形便可想而知。

朱伯有位知名的同乡，路易吉·伊诺第（Luigi Einaudi），他是意大利1948年改为共和制后的第一任总统。1893年，伊诺第曾发表一份有关多利亚尼土地分配的研究报告，认为这足以代表整个蓝葛区的概况。他指出，法国大革命在此地所造成的改变不如在法国那样剧烈。法国有许多大地主，但多利亚尼的土地面积本来就不大，而且被分割成许许多多小农地，就算是最穷的农夫也有机会拥有自己的土地。"可以这么说，"伊诺第写道，"多利亚尼的家家户户都能耕者有其田。"

这简直好得令人难以置信，事实上，这些美梦并未成真。

朱伯说起话来慢条斯理，简单的只字片语却铿锵有力，当他沉默时，安杰罗则耐心等待。

1880年，国会进行了一项有关意大利农业的调查，报告中指出阿尔巴百分之九十七的土地都属于小地主，但也表示，这样的状况反而不利于民间发展。农夫唯一的目标就是自给自足，为了达到这个目的而不择手段，即使蒙受损失也在所不惜。当时的卫生情况很糟，厕所和浴室根本不存在。窗户上连玻璃也没有，往好处想，在天气热的时候，至少可以确保空气流通。报告写着，到了冬天，用稻草和粪肥来挡住窗外的寒风，是当地十分普遍的做法。

国会通过了一项法案，从此小学变成义务教育。法案是由阿尔巴的米克雷·卡本诺（Michele Coppino）提出的，但蓝葛区的农民们却不领情。"他们比较关心谁来犁田，而不关心下一代的心智教育。"

统计数字虽然无情，但胜过千言万语。十九世纪末，阿尔巴地区出生的婴儿，四个中就有一个在一岁前夭折；十岁前早逝的，更高达三分之一。

被征召入伍的本地人遭到退役的比例也很高，其中一个主要原因是疝气，这是当地很常见的病，病因源于小男孩常得背负重物，在陡峭的斜坡上上下下。

当时，农学家称农民为"愤怒的滥伐者"，他们大砍树木，好挪出空间来种植岁收作物。葡萄种植量越来越大，但怎么卖葡萄又是另一回事，农夫必须找到买主，而找到买主的唯一办法，就是把所有的葡萄装上牛车或马车，到阿尔巴的市场去赶集。在那里，要花上许多时间和人讨价还价，有时甚至得待上一整天。那些老奸巨滑的中间商，最后总有办法把价格压到不能再低，让葡萄农几乎血本无归。

朱伯说起话来断断续续。他如果再继续全职工作，那么税金和退休金就会有问题。

许多农民虽然分配到土地，却保不住。伊诺第提出这样的观察："连年的葡萄歉收，让小农民几乎花光所有的积蓄，不得不向高利贷借钱度日。"1888 年，光是多利亚尼就有三十人离乡背井。

那些没有地，又无法移民的人，未来则是一片黯淡。对少数人来说，当佃农、替人耕种是一种选择；另一个办法是以工代赈，这是源自中世纪的雇佣关系，当地称之为 servitù，意指替人做工，以换取食宿与零用。贝皮·费诺里奥（Beppe Fenoglio）的短篇小说 La Malora，就是一个年轻的长工（servo）的故事。他寄宿在一个佃农家，而佃农唯一的心愿就是攒下足够的钱，买一块地。男孩从来没吃饱过，"中午和晚上吃的都是晒干后的玉米做成的糊。为了要让东西尝起来有点味道，我们轮流去搓横梁上挂的鳀鱼，直到鱼都面目全非了，还会继续搓上好几天。"

安杰罗目睹了即将走入历史的世界。他点点头，他明白。

"何不留下来，"他这么建议，"你想做多做少，都行。"安杰罗久久地，什么也没说，看了看房间，"这房子是你的，你想待多久就待多久。"

116

他起身走向门口，一面和朱伯握手，一面说："你考虑考虑看。"

在回家的路上，安杰罗在转弯处停车。

"真是个奇迹。"

安杰罗虽然看着的是达尔玛吉葡萄园，但惊叹的却是朱伯的菜园子，那是一小块夹在卡本内苏维农和马路之间的地。

"真不知道在这么贫瘠的土壤上，他是怎么办到的。"安杰罗似乎要跪了下来。从番茄、生菜、甜椒到豆子，全都欣欣向荣。

饮食文化的历史复杂度并不亚于葡萄酒的。有什么食物能比番茄更能代表意大利？但番茄是十六世纪中，才从南美引进的，而且足足等了两个世纪，才被广泛种植。

费诺里奥在 *La Malora* 里提到的玉米糊，皮埃蒙特方言叫 polenta，是蓝葛区的一项主食。要知道，玉米也是哥伦布从国外带回来的，其他的进口品还包括菜豆和甜椒。

"想想看这要花多少功夫，需要多少耐心！"安杰罗惊叹道，"朱伯总是在菜园里忙，他收集兔尿来当有机肥，但不只这样，"他笑着说，"他会跟植物说话，让他们乖乖听命行事。"

安杰罗是神游，或在致敬？眼前的景象的确引人深思。这座足以容纳百物的山丘，可不是座普通的山丘。卡本内和甜椒虽然会分道扬镳，但两者曾与这块土地为伴。如果朱伯对葡萄说话，就像他跟蔬菜说话那样，谁知道会发生什么事呢。

突然之间，安杰罗继续往前走，看他爬上自家山丘的身影，会让人忘了这位山丘之主其实也是移民之子。

山丘之主笑了起来，他试图追溯族谱，但最远只能涉及曾祖父那一辈。1859 年，他的曾祖父在芭芭罗斯科创立了酒庄，但他并不是本地人。

"他就像凭空冒出来似的。"安杰罗这么说，"可能来自罗埃罗（Roero）

117

一带。"

罗埃罗在托那洛河的另一边，几英里之外。在过去的农民心中，这条河就像一道疆界，罗埃罗属于"皮埃蒙特"，比多利亚尼还要远。

安杰罗快步走着，很快就不见人影了，一转眼，他已经回到家。在右边的斜坡上，和卡本内一样面朝南的还有两英亩的内比奥罗。山丘，比我们想象的更能兼容并蓄。这里有足够的空间和时间容纳原住民，这让我们不禁要问：还有多少瓦帕浓族印第安人（Wampanoag）仍然住在波士顿的碧肯丘呢？（译注：碧肯丘为波士顿最早开发的地区，如今是名流聚居的豪宅区，也是权贵的象征。）

"他又显灵了!"腓德烈克说道。

圣人捎来了大礼。一如往常,在圣罗伦佐的殉道纪念日这天,他守护的葡萄也由绿转红。这是转熟的第一道红晕,也就是葡萄转色(意大利文是 invaiatura,法文叫做 véraison)。

也许今晚"圣罗伦佐之泪"的流星雨,会以天象来辉映地貌:流星划亮天际,映衬出葡萄娇颜。

在村庄的西南边上一片平和(译注:此处引申自德国作家雷马克的著名战争小说《西线无战事》),但腓德烈克依然镇守此地,须臾不离,在纪念日的当天向这位圣人致敬。

"去年此时,只有零星几颗葡萄开始转色,而现在几乎告一段落。圣罗伦佐葡萄园的转色期约十天,但今年要比去年足足早了一星期。"

如果腓德烈克继续用飞行的隐喻的话,那么此时应该是准备着陆了。葡萄藤的新陈代谢机制,从植物生长转向果实熟成,最明显的迹象就是葡萄开始变色。许多其他蔬果也有类似的转色阶段(举例来说,所有辣椒属的辣椒都会变色。青椒没变是因为它们在熟成前就采摘,因为这样比较容易运输和存放)。

119

叶绿体中绿色太强烈，遮盖了其他色素，当叶绿体外层的囊膜变薄，遭到酵素破坏后，其他颜色才得以显露出来，这就是转色的缘由。此时酸度降低、糖分增加，并开始酝酿香气。

当葡萄藤的生长告一段落，嫩梢便开始木质化。

"很多人不知道茎干也得熟成，隔年才有收成。"腓德烈克说。1977年，由于生长季的发育不良，许多嫩梢没有长成藤干，导致隔年产量锐减，这正是成就1978年的芭芭罗斯为好年份的诸多因素之一。嫩梢的成熟过程又叫"八月进行式"，agostamento，因为这个阶段通常从八月开始。但偶有特例，腓德烈克记得在1984年，有块葡萄园一直到了九月中，还是一片青绿。

上个月，在圣罗伦佐的活相对来说算少的，已经喷过硫酸铜。之前的浅层翻土乃神来之笔，因为隔天就下了场雨，而且从那次以后就再没下过半滴雨；尽管雨量不多，只有四分之一英寸。

七月底，工人到马苏维替梅洛做疏果的工作。斜坡上原本种的是内比奥罗，在1985年才改种梅洛，因为当地的土壤比特级葡萄园来得深厚，导致内比奥罗无法恰当地熟成。

摘除葡萄的这个步骤，法国人管它叫"摘绿"（green harvest）。如果葡萄农觉得果量过多、影响品质时，就会以这种方式来降低产量。在六十年代末，圣罗伦佐里也做过几次摘绿，因为那时的葡萄藤年轻，而且枝也不像现在修得这么短。

"那几年的天气恶劣，葡萄酒的品质也不怎么样。"安杰罗说，"但和那些没有摘绿的葡萄园相比，做了摘绿的是比较早熟。"

摘绿就跟剪枝一样，曾遭到部分员工的抵制。安杰罗仿佛还能听到卢吉·拉玛当初的暗笑。

直到最近，腓德烈克都还有类似经验。

"去年我派了几个人去另一个葡萄园摘绿。"他说，"他们绑缚嫩梢，把

葡萄藤下方的地面清干净以防过潮，但就是一个果串都不肯摘。"他边说边摘叶片，"我了解他们的感受，对于出身贫寒，真的挨过饿的人而言，这根本是暴殄天物。"

腓德烈克会做摘绿，但前提是觉得有此必要，他无法苟同波尔多名庄把这当成例行的工作。他窃笑："简直像在比赛，看看谁在酒界报导占的头版新闻比较大。"

你会听到、读到的是些难以置信的暴力：无情地削减，无数落地的果串犹如尸横遍野的战场。这场梅多克和格拉夫的大屠杀，是场在黎布内（Libourne）附近的小比格霍恩之战！（译注：小比格霍恩之战是1875年美国印第安人与官兵间的战役。印第安人以少胜多，大败官兵。）

"你甚至会看到报导说，高达半数的果串都遭到剔除。"腓德烈克说，"在减产之前，这批葡萄的产量一定高得吓人。"他指了指圣罗伦佐的一排葡萄藤说道，"你能想象如果我们摘掉一半的果串，这葡萄园看起来会有多么秃吗？那边肯定有问题。摘绿应该是非常手段，而不是例行公事。如果你控制好长势，适当地修剪，根本不会走到那一步。"

腓德烈克在大太阳下眯起了眼，向法赛特那边的斜坡望去。

"波尔多的葡萄健康一定有问题。"

他话说得很严肃，接着又咕哝了些关于无性繁殖，以及产量增高的问题。又说葡萄藤太过健壮反而有害，至少对葡萄没好处等等。话听起来有点儿吓人，但他没继续往下说。

产量一直是酒界最敏感、最有争议的话题。但有两点是确定的：一是产量过高，葡萄就无法达到好酒要求的浓度；二是各地的产量都越来越多。1986年的波尔多打破了1982年份的产量纪录，而且足足多了三分之一，而那已远远超出五十年代的平均产量，更别提1961年，即使以当年的标准来看，产量也是极少。

专家对于限量做法的意见莫衷一是。这或许须视年份、葡萄园和品种而定。产量多寡对白酒的影响比对红酒的少，对卡本内苏维农的影响也比黑皮诺的少。尽管酒庄与酒评人对收获量一事争论不休，但就算不了解这点也不要紧，因为从酒里能尝出产量的多寡。

　　芭芭拉斯科与巴罗洛的规定产量是每公顷八十公担，相当于每英亩三吨多的葡萄，最多能生产五千六百升的酒。顶尖酒庄则认为要生产好酒、经过估算的最佳产量是每公顷四千升。

　　"我们的产量当然没那么大。"腓德烈克说。

　　他从葡萄藤上摘了几片叶子。"但若低于某个临界点下，产量太少也可能有反效果。葡萄藤会一股脑儿地把吸收到的东西，都扔进为数不多的果串里，看看干旱时它们都扔了些什么，你就明白了。"

　　当天气过于干热，葡萄藤因为缺水而会吸收大量的钾来保护自己，这导致葡萄的酒石酸急速增加，日后形成酒石酸盐晶体（tartrate crystals）——又叫塔塔粉（cream of tartar），如果过量的话，会给酿酒师们带来麻烦。

　　不管怎么样，我们很难避免干燥与炎热的问题，腓德烈克说："冬天降雪量少，甚至没下雪；夏天像现在这么热，又不下雨，哎，我们只能祈祷这不是永久的温室效应。"

　　此地许多葡萄农都有着同样的担忧，但因为以往也发生过，所以让人稍微宽心些。

　　范提尼曾在1895前后提出相反的警告。"打从1883年起，只有1887、1892和1894这三年的葡萄完全成熟。"他在书中写道，"四季似乎起了变化，这对葡萄栽植很不利。让人怨声载道的天象若持续下去，那么像内比奥罗这样难照顾的品种，势必消失。"

　　四季似乎乱了秩序。

"连续好几年，极不寻常的大气干扰，造成我们这儿季节的改变：三、四月的气温过高，使得葡萄藤提前发育；到了五、六月，气温却明显降低。过去几年里，我们也观察到雨量的分布极为不均。以前并不常见，且局限于部分地区的冰雹暴，在过去十年里不仅变得频繁，而且有愈演愈烈的情势。"

五十年后，阿斯蒂研究中心一位杰出的葡萄酒学家嘉里诺 - 卡尼那（Garino-Canina），曾在 1947 年收成时写出如下的评论："过去几年里，雨量越来越少，夏秋两季的温度越来越高。"在波尔多，在 1945、1947、1949 连续三个绝佳年份之后，也由于干燥与炎热的问题，而无法再见经典。

腓德烈克掏出手帕，擦了擦脸。七月中旬以来，天气一直非常热，下半月的平均气温接近华氏八十度，高温则超过九十度。他说："7 月 22 日那天，气温飙到一百度！而现在，也将近九十度。"

面对高热，圣罗伦佐依然处变不惊，这位圣人乃消防员与厨师的守护神，被绑在架上活活烧死，于是铁格架成了他的象征。十四世纪的基督徒作家普登爵（Prudentius），以及其他圣人如圣安博（Ambrose）、圣奥古斯丁（Augustine）和圣达玛稣（Damasus），除了记述圣罗伦佐的坚忍，也不忘强调他的幽默。据说圣罗伦佐被绑在架上炙烤时，曾对迫害者嘲弄地说："这面已经烤好了，翻个面再烤一下就能吃了。"（像这样一位圣徒，应该会不时地在他的葡萄园里，开些无伤大雅的小玩笑。开开玩笑、让人好心情不是什么坏事，圣罗伦佐不赞成假意的虔诚，因为真正的敬仰不需要外在的虚饰。）

"七月的下旬天气很怪异，又热又闷。"腓德烈克说，"当灰腐听到气象报告，就开始垂涎欲滴了。"

他看看手边的葡萄，外皮很完整、安然无恙。腓德烈克虽然已经困住了蛾，但他丝毫不松懈防备。

"葡萄开始成熟了，变得柔软，也比较脆弱。"他说，"比如黄蜂，就会受到甜味吸引，从而破坏果皮。"

他摸着一片葡萄叶。"葡萄藤开始受到干旱之苦了。"干旱很让人发愁，村长不得不下令村民节约用水，非民生必需，例如喷洒草坪等，都被禁止了。

"现在我们需要的是一场甘霖，但雨也不能太大，不然会反受其害。"因为过量的雨水会再度启动葡萄藤的新陈代谢，让果实变得鼓胀、变得更脆弱。

"和活力没那么强、在沙地里都能长得很好的芭贝拉比起来，内比奥罗更不耐旱。葡萄藤在饥饿与存亡之间走钢索，然而这能帮助结出很棒的葡萄。如果到收获季前，他们能一路保持平衡，表现肯定不俗。"

这位葡萄园诗人还真能自由发挥，内比奥罗这会儿从贵族摇身一变成了特技演员，更不得了的是，还得在缺乏灌溉这道防护网的情况下演出，因为灌溉是被禁止的。

"你无须凭空想象那条钢索。"他边爬斜坡时边说，"从某个定点，你就能看到那条钢索。"

难道这位葡萄园先知又能见他人所不能见？难道在我们眼前，隐喻会突然由虚化实？

腓德烈克跳进车里，开了一小段路后，在一条通往另一边山坡的泥巴路边停车。他下车走进葡萄园："看看他们。"

葡萄藤上果串比较多，但只有零星几颗葡萄开始转色。对不懂的人来说，这些葡萄看起来跟其他的没什么两样；就算透过放大镜，也看不出所以然来，钢索不是蛾卵！

腓德烈克沿着斜坡往下走了几步，走到另一排葡萄藤前。

"如何？"他问道。

这些葡萄藤失去了平衡，凋零了！眼前所见很惊人：叶片稀疏、干枯，失去了翠绿，从嫩梢到果实都发育不良。这里的葡萄正在受苦。

"严重缺水。"他说。

他指给我们看的葡萄藤都位于斜坡的山脊上，但它们属于不同的地主。"因为泥石流，山脊上的土壤变得很薄。"他解释，"这里的表土有层小草，但刚刚那座葡萄园则翻过了土。这就是两边不同之处。"

小心潜藏的危险！在 1988 年的春天，小草曾是挽救土壤结构的金甲骑士，但眼前的草状况可不怎么好，葡萄也容光不再。这些草是饥渴的小偷，来和葡萄藤抢水喝的。

腓德烈克又走了几步，跨过了斜坡。这里也长了草，但葡萄藤并没有失去平衡。

"这些葡萄藤和刚才看到枯萎的，都属于同一个地主，但两处的土壤不一样。因为这里的岩层下凹，土也比较深，所以能容许青草这类护田作物的生长。两地的管理方式应该要有所不同。"

草会和葡萄藤抢夺水分，但也有助于水土保持。

"近几年来，每逢旱季，蓝葛区那些有护田作物的葡萄园表现总是比较好，因为青草有助于改善土壤结构。这和时间点有关。1980 到 1985 年时，水分充足，生长季里不除也没关系，但像去年和今年这种旱季，雨量极少，在气温升高前就该除草了。"

青草在其他方面也很重要，它替害虫的天敌提供了粮食。此外，如果没有青草这个竞争对手，其他有害的野草就会变得非常猖獗。整体而言，若要在葡萄栽植界投票，大家都会赞成青草该有一席之地。但一切仍得视情况而定，平衡才是重点。

腓德烈克对青草念兹在兹，说不定到了连草生长的动静都听得见的地步。青草可以是英雄，也可以是恶霸，两种角色它都得心应手。而执掌这幕戏的导演，才是确保结局圆满的关键。

往回走的路上，腓德烈克简述了目前的情况。

"如果现在圣罗伦佐也种了护田作物，我们的葡萄藤就会像刚刚那些倒下的葡萄藤一样干枯、失去平衡。"他们是否能够平安抵达终点，绝大部分都需要仰赖变幻莫测的天气。哥佛尼饱受水患、芭芭罗斯科却面临干旱，大自然总是难以捉摸、让人坐立难安，尤其是 7 月 22 日袭击阿斯蒂的那场冰雹暴——虽然腓德烈克尽量避而不谈，但这场冰雹把他父母家里的农作物摧毁殆尽。

尽管面临干旱，圣罗伦佐的葡萄藤有备无患，因为这块土壤能储水。年份的希望全都寄托在泥沙，特别是黏土上。在旱季的年份里，梅多克中土质较重（译注：即黏土较多的）的葡萄园，如圣艾斯台夫（Saint-Estèphe）所产的酒，往往比极富盛名但土质较轻的葡萄园，如玛歌区，品质更好。

还有，葡萄藤的年纪也有关系。和年轻的葡萄藤相比，年长的葡萄藤根部可以深达底层土壤，供给葡萄更多渗入石灰岩层的水分。

"你该看看那些根！"腓德烈克跨出车子时叫道，"它们会钻入石灰岩层最小的裂隙中，当我们把没生命的葡萄藤拔起时，那些根至少有十二英寸长。"

腓德烈克走向一个看起来像鸟屋的东西，这是他的"气象观测站"。里面有台机器，记录着温度与雨量，腓德烈克撕下打印出来的报告，研读起来。

"日夜的平均温差大概有二十五到三十度。"他开心地说。

凉爽的夜晚有助减缓植物吐纳，光合作用所制造的糖，多存入果实而少被葡萄藤生长所消耗掉，也意味着能有更多的香气和苹果酸，不像在天气热的产区，被燃耗掉的会特别多。此外，凉夜会使果皮变得比较厚、色泽更浓。

离开时腓德烈克挥了挥手，那是只稳当、为一切把关的手。

圣罗伦佐葡萄园在纪念日这天，更显神圣。栽植葡萄的至善之道，没有比正在走的这条钢索更直、更窄的，也许不得不这么走，但就像圣罗伦佐本人一样，坚定不移、毫不动摇。

"二十一点五度。"从葡萄园里传出了一个声音。

光线穿透了折射镜上的葡萄汁，由于果汁浓度比空气高，因此产生折光、投射出阴影，吉多读了读上面的数值：

"刚好在十九度之上。"

他一边走，一边随手摘葡萄，挤了点果汁在折射镜上，对着光看。

"二十三度。"吉多读出的数字有个单位，是十九世纪一位奥地利人Babo所定的。在美国，甜度测量单位称作 Brix 或 Balling，在法国叫做 Baumé，在德国叫做 Öchsle，不管各国的称呼为何，都是用来测量葡萄中所含的糖分。含糖量越高，果汁的浓度也越高，折射度也越大，因此，阴影的差异其实就是糖分的不同。

吉多走在葡萄藤间，随机采摘葡萄。这边一颗，"二十二点五度。"那边一颗，"二十一度。"十七世纪法国哲学家与数学家巴斯卡（Blaise Pascal）曾写道："同个果串上，能找到两颗相同的葡萄吗？"吉多打算在迥异的素材中，找出具有代表性的样本，打从这个月初，他就不时到园里来测量糖分。

每颗葡萄皆有地位之分：根据葡萄藤在园中的位置、果串在葡萄藤上的位置，以及果实在果串上的位置而会不同。越靠近主干的果串、越顶端的葡萄糖分就越多，而且折射仪上的数据在下午往往比早上来得高，因为葡萄藤在白天会出水，晚上不会。

吉多查看着一串葡萄，上面少了几颗。"被鸟吃掉了。"他说，"看看这爪子留下的泥印。"

从 8 月 10 日一直到月底，天气就和七月下旬一样热。到了 8 月 27 日，有场暴风侵袭此地，想必圣罗伦佐要求到处肆虐的暴风手下留情，因为他守护的葡萄园安然无恙。

"但葡萄藤东倒西歪，花了两天的时间才全都扶正。"吉多说，"位于高处的巴尤雷，暴露的面积也比较大，受创情形比圣罗伦佐严重得多。"

九月的第一个星期下起了细雨，雨量不大，但持续了一段时间。

"只是洒了点水，"吉多微笑着说，"但在关键时刻，这能缓解葡萄藤的干渴。"

风暴来临后，热浪也画下了句点。

"九月初的天气仿佛是十月，雾气弥漫、空气冷冽。秋天来了，我们早上都得穿毛衣。"

葡萄成熟的过程减缓，不过两星期以来，天气变得晴朗温暖。

"葡萄藤的进展远比预期的快。"吉多说，"今年算是早熟的。"

他看着一串葡萄，一面估量着大小。

"我想起十年前，也就是 1979 年，我们酿的酒十分可口，那年一路发展都很平稳，葡萄很健康，而且果串比较大，因为当年的雨量比较多。"他顿了顿，"但那才是正常的，眼前的这些太小了。"

这是干旱造成的。即使修剪过后的胞芽数相同，最后的产量也可能差上三分之一或更多，这主要是葡萄吸收水分的多寡。七月中旬以来，在圣罗伦佐只下了一英寸的雨。

吉多用手捧起果串，向众人展示这珍贵的珠宝。

"它们看来柔软如天鹅绒，让你想要抚摸。那层银色的是果霜。"

他摘下一颗葡萄："用手捏捏看。"

果皮很厚，葡萄汁很浓，虽然汁液不多，但双手立刻变得很黏稠。

"看到它的色泽了吗？这批葡萄的品质很好。"

吉多的遣词用字，就如同他的工作态度，一丝不苟，好就是好，这个词在他的字典里分量很重，是个高尚的字眼，不是等而下之的夸饰之词。"好"代表由衷地赞美。

走钢索的人顺利完成了任务。

吉多对他们连续的好年份感到惊奇。"老天保佑，希望那不是意味着我们会再来个像七十年代那一串的荒年。"他尝了颗葡萄，"连年歉收的唯一好处，就是许多葡萄农知道他们不仅种错了品种，还种错了地方。以前常有人在很荒唐的地方种内比奥罗。只有在困难的年份里，你才能看出一块地的局限。"他指了指坡底的山谷，"遇到顺利的年份，连那儿都种得活内比奥罗。"

他的眼光突然飘向远方。

"七十年里有几年的收成很凄惨。你要么采收还没熟的葡萄，要么就放着让它们腐烂。"

歉收，令人心碎神伤。一百多年前，1884 年的 9 月 21 日，在阿尔巴的葡萄酒学校，校长多明齐欧·卡瓦萨以当年的收成为讲题。"今年的收成，惨不忍睹。"他以这句话当开场白。

一连串病害，霜霉病危害甚烈，由于上个生长季中藤干尚未成熟，导致许多花束甚至无法开花。"先是棘手的大旱，紧接着是让人头痛的大寒与大雨。"卡瓦萨这么说。再加上受精情形很差，冰雹、粉孢病，以及蛾幼虫的侵害，让损失愈发惨重。

如果今天回母校演讲的人是吉多,同样的讲题,他的语气一定迥然不同。今年天气好,腓德烈克和他的手下顺利完成了防御的任务。吉多可以很自由地选择收成日。

至于收成的日期如何敲定,原因往往五花八门、出人意料。

就拿著名的德国莱茵高(Rheingau)1775年份约翰山堡(Schloss Johannisberg)来说,该酒之所以留名青史,除了酒本身极为杰出,也因为其背后的一段轶闻。那年,葡萄已经熟成,但管理的修士需要得到富达(Fulda)修道院院长的允许才能采收,从葡萄园到院长住所的路程骑马约需一星期,但送信人在路上耽搁太久,等他捎回院长首肯的讯息时,葡萄早已过熟发霉。不过是贵腐菌,德文又叫Edelfäule,于是香甜馥郁的传奇酒款就此诞生。

约两百年后,横跨大西洋来到太平洋岸边,马雅卡马斯(Mayacamas)酒庄庄主,也酿出另一款知名的晚收酒:酒精浓度十七点五的干型仙粉黛。1968年,他的葡萄已完全熟成,但所有的发酵槽都已满了,酒窖里没有多余的空间,他只好眼睁睁地看着葡萄甜度不断增加,直到发酵槽空出来才采收。有时候,晚收成的原因就这么平凡无奇。

吉多大笑说:"这些我都知道。以前我也常这样东挪西凑,就跟抛接球、玩杂耍没两样。"

但现在他可自由多了。

"就算下个几天雨,以果皮的绝佳状态来看,也不至于有发霉的危机。"

秋天的气候往往难以预料,过去为了安全起见,往往倾向在完全熟成之前就采收。艾米尔·培诺有篇诙谐短文就叫《早收的各种好理由》,"天气预报听起来很糟,我最好开始采收,不然就太迟了。"葡萄农会这么说。隔年他又会说:"预报是大好天,我应该趁天气好的时候赶紧收。"不过天气也不是唯一的理由。"我雇用的外国工人明天就会到了。""某某酒庄明天开始收，我向来都跟他们同一天动工。"理由林林总总、五花八门。

就算天气晴朗，葡萄农依然担心会下雨，但这份担忧并非毫无根据。比如说，1964 年，法国葡萄酒眼看有资格成为"世纪年份"，而且农业部在八月的时候还预言它将是很棒的一年。此话倒也不假，比如说以早熟的梅洛为主的波美侯与圣爱美侬这两个酒区。至于以卡本内苏维农为主的梅多克，拿最具代表性的两家波亚克酒庄：拉图堡与木桐堡，只要一喝，就知道发生了什么事。

那年的天气一直很好，直到 10 月 8 日，仿佛天上开了水闸，倾盆大雨足足下了两个星期。拉图堡在那之前就已采收完毕，酿出绝妙佳酿，但木桐堡的际遇就很悲惨，他们原想多等几天，却被这场大雨淋成落汤鸡。

现在，吉多面临了抉择，他会怎么做？

"啊，"他叫道，"要是我们有更多资讯就好了！要考虑的因素有好多。"

总之，要挑选各关键元素都最平衡的时机。

"在古时候，葡萄农只是根据葡萄外观和尝起来的味道作决定，之后才开始测量糖分。有很长一段时期，这是唯一准则。"吉多微笑，"如果你只考虑甜度的话，我们种甜菜根就好了，那还容易得多！"

在某些产区，收入是由葡萄所含糖分多寡来决定，葡萄越甜，价钱越高。因此口感粗糙、酒精含量过高的酒在这些地区十分常见。未装瓶的酒，由店家直接灌进客人带来的容器里。在意大利，酒精浓度的高低决定了价钱，没人会管品种、葡萄园或酒庄是谁，酒精浓度是唯一的指标。

吉多沿着斜坡信步游走。采摘、挤压、凝视。从靠近主干的果串尖端摘一颗，再从离主干最远的果串底端摘一颗。

"到了六十年代，酒庄才开始重视酸度。"吉多说，"而且到最近才重视起果皮的成熟度，以及所含的酚类化合物。"他停下来擦擦手。"到头来，糖分增加后，其他指数也会随之增加。"

内比奥罗的品种名，据说来自"雾"这个字，当地称之为 nebbia，因为收获季里常有云雾。根据最近才出版的一本意大利葡萄酒专著所言："内比奥罗的收成通常在十月底，甚至十一月，此时蓝葛的山丘已陷入浓浓雾气中。"打从吉多到酒庄来以后，圣罗伦佐最晚收成的纪录是 1978 年 10 月 17 日（它一向是嘉雅众多内比奥罗葡萄园里率先收成的）。

"很难找出一个通则。"吉多说，"记得我父亲说过，1949 年，农夫们把内比奥罗葡萄卖给弗芮达酒庄，9 月 28 日是领钱日。这表示他们至少在十天前，也就是九月中就收成了。而过去那些晚收记录，某部分原因来自于使用的方法，比如说因为他们喷洒硫酸铜，所以葡萄藤的生长减缓了。"

所谓熟成的概念，很难一言以蔽之。有时候少即是多。1978 年，生长季里大半都又湿又冷，却在末了来了个晴朗好天。因此，安杰罗与吉多决定多等些日子，等到 11 月 20 日再去收帝丁的葡萄。

"当然，我们希望能够等到最好的葡萄。"吉多承认。"但我们也是刻意炫耀、向那些守旧派下战书，因为他们老是强调葡萄不比从前——以前总是在 11 月 1 日的万圣节前采收。我们想告诉大家：'你们可以自个儿亲眼来瞧瞧！'"

当时引起了一阵不小的混乱。

"我们甚至必须立个告示牌，说明尚未采收，人们才不会以为这些是收成过后留下的葡萄，可以随意摘取。"

这只是年轻气盛犯下的一点小过失，但吉多仍悔不当初。

"当然，葡萄早就熟过头了。虽然 1978 年仍被认为是个好年份，但已经过了十年，这款酒到现在依然强烈难驯。尝过它的人，十个里有八个会露出一脸苦相。"

他也注意到，和之后收的几批相比，最早的一批圣罗伦佐，酒体特别柔顺、色泽较浓、香气格外细致。因为第一批的葡萄皮比较紧实，含有更多的苹果酸，在乳酸菌发酵后转化为较柔和的乳酸，可能是酒体柔顺的原因。

"过去，我们缺乏相关知识，也没勇气提早采收。"吉多说，"如果天气好，你会觉得不多等几天实在可惜。"

他转过身，爬上斜坡。"我这会儿和葡萄们有个约会。"说完他咧嘴一笑。

回到酒庄，一批芭贝拉刚好抵达。吉多走过去和腓德烈克说了几句话后，步下酒窖的阶梯。

其他园里的葡萄早就已经接近跑道了，而圣罗伦佐的才刚准备降落。吉多从八月中就开始替早熟品种采样。最先着陆的是 9 月 5 日、来自贝尼诺（Bernino）的白苏维农，自此以后，由吉多指挥的塔台开始应付来自各方的降落请求。

收成开始了，虽没人拉响警铃，但大家都提高了警觉。空气中有股兴奋，也有一丝紧张。酒庄院子里人来人往，到处都是新面孔和陌生的声音。采收时需要额外的人手，庭院里也总是人声鼎沸，常常有人抱着期望的表情，看着天空。时而似有薄雾环绕，但那只是消毒的蒸汽飘出了室外。

吉多不能凭空作决定，他必须考虑各个葡萄园的进度，还有人手的调度。但就算机场上空的交通有点堵塞，圣罗伦佐特级葡萄园从来不需要在空中盘旋。唯一可能和圣罗伦佐争先后的，只有帝丁和罗斯坡，不过后两者一向比较晚收。

腓德烈克刚和吉多交头接耳了一番，在他跳上车前，顺道宣布了最新消息：明天要采收圣罗伦佐的葡萄！

"前提是要得到那家伙的批准。"他朝着安杰罗的办公室点点头 。"如果他觉得现在还不是时候，还要再等的话，那能一直等到圣诞节 。"

腓德烈克的车子驶离了庭院，大叫："如果没有晨露的话，我们明天早上七点半开工。"

你以为听到的会是"天灵灵、地灵灵"之类的咒语，但他们大喊着的是
"嗨！"

吉多的家在芭芭罗斯科南边几公里的一个山坡顶，他把车停在家门口，
路的尽头有三个人，围着一团熊熊烈火，搅拌着两只热气腾腾的大锅。

"一个装的是芭贝拉，"吉多的妻子玛丽雅·葛拉吉雅（Maria Grazia）
指着其中一个大锅说道，"另一个是多切托。"

玛丽雅的帮手是家里的两个小朋友：上幼稚园的希薇雅（Sylvia）和念
小学的安立柯（Enrico）。玛丽雅是名护士，在阿尔巴一间医院里工作，还
要忙着照顾家，打扫、煮饭，她是怎么有时间来做 Cognà 的呢？这些蓝葛
的家庭主妇们真是一刻不得闲。

吉多家的四周有花、草坪与果树，还有个小菜园。"那个菜园就别看了！
我们今年根本是任它自生自灭。"他笑道，"要是吉伯能来这里帮忙就好了！"

他进屋去加件毛衣，今天白天很热，但现在开始凉了起来。"对葡萄来
说是好事，"他说，"这样它们才会健健康康。"

随着夕阳西下，葡萄藤及芭芭罗斯科塔的影子渐渐拉长，整个村子沐
浴在秋分的光辉之中。往南移的太阳是不是已经跨过了赤道？这是夏日的

最后一道余晖，还是初秋的第一道光芒呢？

吉多带着两瓶酒走回来：一瓶是这会儿先喝的餐前酒夏东内，多切托则是之后吃饭时喝的。"这酒的木桶味现在重了一点。"他在中庭桌旁坐下，啜了一口之后说，"但它会慢慢达到平衡的。"

吉多和安杰罗一样，对葡萄酒有双重标准。在酒庄里，他极尽苛求，简直到了吹毛求疵的地步；在家里，则轻松随意，酒只是日常生活里的一种调剂。

每当采收季开始时，吉多得全副武装，准备潜到充满压力的深海下，但眼前他似乎正浮出水面、喘口气。

他笑了起来。

"如果我们的葡萄园都在同一块地方，而且只种几个品种，那么就会简单得多。不过若像今年，一切进展顺利的话，收工之后还是可以放松一下。"

他望了望天空，"如果下雨的话，情况会变得比较棘手。你可没办法通知葡萄因雨停赛，或另行安排一个你想要的时间。"

现在担心这些似乎显得多余。渐渐西沉的夕阳如灿烂的烟火，映衬这日夜交会的柔光时刻。山坡上金光闪闪，小村映着熠熠铜光。

"这样的天气让人精神大振。"吉多说，"毕竟一整年的努力就在此刻。看到像圣罗伦佐那样的葡萄时，就觉得所有的辛苦都没白费。"

吉多的笑容里带着一丝调侃："你知道吗？用品质好的葡萄酿酒有两种可能：好酒或劣酒，这让酿酒变得刺激有趣。但如果是差劲的葡萄，那就没有半点悬念。"

尽管吉多老是说酿酒的圣经尚未问世，但福音倒是有的。拉图堡酒庄曾有位杰出的经理拉莫（Lamothe）在 1816 年写道："若大自然不提供上好的原料，纵使再多的人为努力，也只能酿出平庸之作。"

吉多会酿出什么样的圣罗伦佐 1989？从葡萄变成酒的转化过程，充满了难解的神秘，可谓世界诸大奇观之一。

"这要看你从什么角度来看，酿酒并不如想象中神秘。"他朝着正在厨房里忙进忙出的玛丽雅点点头："酿酒师的工作和厨师很类似。当然，厨师每天都能试身手，而我们一年却只有一次机会；另外，厨师也不需要像我们一样，得等待多年才能论成败。但进酒窖和进厨房做的事是一样的：根据自己的理解，来改变物质的口感、颜色和质地。热能会加速化学反应，冷却则可以减缓；厨师有炉子和冰箱这些科技产物辅助，酿酒师也有自己的设备。"

吉多停了下来，脸上的表情似乎在做梦，他是否看到自己化身为一名大厨？在科斯提留罗附近，已经有家知名餐厅叫"吉多"，但米其林的星星也可能落在一间由吉多·里威拉经营的餐馆！

"想想看，一块肉可以用多少种方法料理！"他大声说，"可烤可炙、可炖可煮，整块或切丁，快炒或慢炖，加或不加盐，但这些不过是皮毛而已！酿酒也一样，一切真章都在细节里。"

吉多开始滔滔不绝地说起各种细节：从如何压榨葡萄，到装瓶的时机与学问。

"品酒的时候，你能尝出细节的差异。同样一瓶酒，装在不同的容器里，之后，你就有了两种截然不同的酒。"

细节叫人眼花缭乱，也让人头昏脑涨。吉多又喝了一口酒，接着讲：

"到头来，厨艺再精湛的大厨，也无法超越食材本身。他可以用重口味的酱汁掩盖缺陷，就像你可以用大量的新橡木桶，或残余的糖分来掩饰酒的缺点，但结果不会怎么了不起。酿酒师跟厨师一样，力求将手边食材发挥得淋漓尽致。对酿酒师来说，食材指的是某个年份的某些葡萄，我的工作就是将它最好的一面表现出来。"

桌上钵里放着葡萄，吉多摘了一颗，然后用手挤出里面的汁。

"嚼嚼看这个。"他说，脸上带着恶作剧的笑容，"看到了吗？葡萄的固体部分，包含了造就红酒风味与结构的主要物质，但里面也有许多苦涩的东西。我的挑战就是去芜存菁，萃取那些风味更佳的物质，摒除杂质。"

玛丽雅从厨房探出头来，晚餐就快好了。

许多食物与饮料的制作过程与酿酒十分类似：面包、啤酒、各种乳酪、优酪乳，甚至德国酸菜也是。它们都必须经过发酵，一种人为掌控的腐化过程。

"酿酒师的工作，"吉多说，"就是要促进某些过程，遏止其他过程。但要让葡萄发挥到极致，你要敢于冒险，无惧最坏的结果。"

他停下来若有所思，一边闻着手中那杯酒。

"年轻人很难想象，从我小时候到现在，酿酒方式的改变有多大，我说的不只是新的葡萄品种。没错，以前这里也酿过不少好酒，但那只是天时地利的巧合罢了。如今我们对酿酒的认识更深，透过科技，对整个过程也有一定程度的掌控。从前则是一切都听天由命，遇到病虫害只能束手无策，但现在我们已经能预防与治疗。"

吉多谈到以往酿酒的状况，其实和两千多年前，苏格拉底谈烹饪的内容大同小异。在柏拉图对话录《高尔吉亚篇》(Gorgias)里，苏格拉底观察到，烹饪乃某种"记录所发生的事"，但对"举动背后的原因"不知其所以然，因此充其量"不过是依样画葫芦罢了"。吉多对酿酒的概念，也和苏格拉底的哲学观念有某些相近之处，那就是一切建立在对话基础上。哲学导师就像助产士，将对话者初具雏形的想法，加以引导使之顺利诞生。酿酒师就是葡萄酒生产时的助产士。

这是吉多在酒庄工作的第二十个年头，他说这些话时，有着来自于经验的自信，也包含着谦逊，以及对酿酒的热情。

他从不膜拜大自然或高科技，也不幻想要掌控全局。他说："如果抱着食品加工的心态来做酒，那就是葡萄酒的末日。"吉多连一只苍蝇都不会打，更不用说扼杀葡萄酒，但他品酒无数，也尝过缺陷毕露的酒，因此早就不把酿酒这回事只交给老天爷，因为不管在葡萄园或酒窖，自然因素不能被忽略，但人为调教同样不可或缺。

虽然空气渐渐有了寒意，但吉多对这个话题却越来越有劲。一个酿酒新手或许已经开始没耐心了，他可能会想：到底什么是葡萄酒？酒又是怎么酿出来的？

根据词典里的定义，葡萄酒是"发酵的葡萄汁"；发酵则是"经由酵母作用，将糖转为二氧化碳与酒精"。酿酒看起来似乎轻而易举，所以在禁酒令时期，成千上万的美国人都酿起了私酒。

禁酒令生效前，每年平均有一万三千五百节火车厢的酿酒葡萄，从加州运往美国东部。1926 年以前，数量足足多了五倍。在某个火车站，联邦探员发现了大批木桶，每个木桶上面都贴了红色封条。封条上写着：

警告！木桶里装的是未发酵的葡萄汁。

切勿添加酵母、切勿将木桶置于高温处，否则果汁会发酵，变成葡萄酒。

这些封条简短地记述了酿酒的过程，所需的不过是葡萄汁、酵母，和温暖的环境。就这么简单。

吉多大笑，"这是个很不错的新生课程。"

等上了二年级，他们就会教你其他的重点：如果二氧化碳散逸了，酿的就是无气泡酒；如果酒里有二氧化碳，就是气泡酒。红葡萄连皮带汁酿出来的是红酒；白葡萄或红葡萄剥皮后酿的就是白酒。

"这是基础课程。"吉多说道。然而，当他开始解说圣罗伦佐的葡萄如

138

何成为酒，突然变得深奥难懂。他走进屋里，出来的时候手里拿着一本厚达千页的书。

酿酒很简单，是吗？生物！化学！方程式！更别提那些专有名词。究竟糖解作用（glycolisis）和脱酸作用（decarboxylation）与发酵葡萄汁有何关连？他偶尔也会用一些门外汉听过但不太懂的词，像是氧化（oxidation）与还原（reduction），二氧化硫（SO_2）与二氧化碳（CO_2），当然，还有酸碱值（pH）："以摩尔／升为单位，表示含氢离子浓度指数。"是不是要有博士学位才能搞懂酸碱值？

但有件事倒很清楚——发酵是酿酒过程的关键。事实上，对1989年的圣罗伦佐来说，发酵过程有两段，都是由放大镜也看不见的小生物所完成。

"酿酒学是一门微生物科学。"吉多说。他谈到酵母、细菌、属与种等生物分类。你听过什么是裂殖酵母菌（Schizosaccharomyces pombe），什么又是肠膜明串珠菌（Leuconostoc mesenteroides）？天呀，除非你念过麻省理工学院，不然还是忘了酿酒这件事吧！

不过吉多眨眨眼要大家放心。

"这些专有名词，让这份工作听起来比实际上复杂。"他承认，"其实我要做的事情不多，只需要密切观察过程，确保酵母活动、细菌不作怪就可以了。"

所以说，吉多是那些隐形部下的总管！听起来，圣诞老人与他的帮手的可信度还比较高。但随着夜幕渐渐低垂，吉多仿佛变了身。这位总管身怀绝技、两眼发光，变戏法似的带出显微镜下才看得到的世界，他那些引人入胜的故事，似乎不再只是天方夜谭。和这些下属共事已经快二十年了，他是不是也和它们说话，就像蓝博对葡萄藤、朱伯对蔬菜那样？

吉多说：好的酵母会怎样怎样，坏的酵母又如何如何，有时也会同情地说："在这种情况下它们已经尽力了。"但夜半在微光下谈心之时，他也透露

139

了一丝忧惧，因为他知道当酵母罢工、细菌趁机作乐，这些手下不受控制会是何种情况。

听吉多的谈话，很难相信在这个酿酒历史如此悠久的国家和地区，在吉多的母语中竟然没有一个词来形容他的职务。酿酒是农业活动的一环，就像其他农事一样，无需特殊技能。农民酿酒，就和种土豆，或者收割干草一样天经地义。吉多不过就是做这些工作的农民罢了。

头衔并非一切，但也并非不屑一顾。按照官方说法，吉多现在是一名enotecnico，一位酿酒技术员！一个念起来让人舌头打结、卡在喉咙的头衔。在这一行里有个趋势是把这个名称改为"酿酒家"（enologist），但这真的比较好吗？这两个称谓，不管对意大利人或英语系的国家来说，都是听不懂的希腊文，都让人觉得拗口。他们让喜欢葡萄酒与文学的人，都觉得既碍眼又不顺耳，难道作家又叫"文字技术员"，或是"字词学家"？

英文里有个最合适的称谓，它通俗、浅显易懂，又不失优雅地传达出这份工作的内涵。用不着那些某某学家的字眼，吉多是一位"酿酒师"（Wine Maker），就这么简单。

虽然这个强调技艺的词填补了空缺，但在某些神奇时刻，例如此刻，大锅里的Cognà在红红炭火上蒸腾，夕阳余晖笼罩着芭芭罗斯科，我们不禁希望能有更特殊的词汇，来描绘葡萄酒的奇迹，以及吉多精灵似的神情。在超越凡俗、神奇的葡萄酒国度里，吉多绝对是名符其实的魔法师，就像法兰西丝·伊索·关（Frances Ethel Gumm），以茱蒂·嘉兰（Judy Garland）为艺名；查尔斯·路德维希·道奇森（Charles Ludwige Dodgson），以笔名路易斯·卡罗（Lewis Carroll）留名于世一般。

跨越彩虹的另一端，吉多·里威拉正是葡萄酒王国里的神奇魔法师。

1989年9月23日

　　腓德烈克点点头。"没有晨露。"他站在酒庄庭院里，对一群人宣布，"我们马上出发。"

　　如果有露，他可能会多等几小时。

　　"事实上，这是某种心理障碍，几滴露水并不会对酒造成太大的影响。"但工人看到水汪汪的葡萄，总觉得下不了手。

　　队伍里大多是熟面孔，有些是葡萄园的全职员工，像皮埃洛（Piero）一家人。"这是我的第二十六个年头。"他说。

　　也有些是村子里的居民：某人的老婆、某人的老公、住在马路那头的女孩，也有些是生人。

　　腓德烈克的父母也来了。他们替酒庄工作，因此很快就会搬到塞拉龙加一间可以俯瞰嘉雅酒庄的房子。

　　腓德烈克的妈妈戴着一顶贝雷帽，但她还戴着一顶通风的草帽。"有备无患啊。"她说。空气中有股秋天的冷冽，但也可能只是夏天的凉爽早晨，之后会慢慢热起来。

　　采收工陆陆续续地出发。"打起精神来！"腓德烈克对着一个衣着单薄的新手说，"冷才是好兆头。"

从酒庄只要走几分钟，就能走到圣罗伦佐特级葡萄园的最上方：你沿着都灵大街走下去，在一号门牌那儿右转，那里有个路标写着往"第二街"再走一百码左右，看到左边有扇大门，就到了；如果你想不经过葡萄园，到达斜坡底的话，就往卢吉·卡瓦罗家的方向继续走，这条路通往马苏维与法赛特背坡之间的山谷，直达托那洛河。

园里有些葡萄叶才刚开始变色。"叶片还是绿色的话，代表那里的土壤层较厚，得到的养分也较多。"腓德烈克说。"不管怎样，葡萄藤已经抵达终点线。"

腓德烈克现在改以地面，取代先前的飞行来隐喻葡萄收成。"是啊，"他咧嘴笑，"但可别会错意了，这不是迫降，就说是燃料不足好了。"

遇到特殊情况，腓德烈克会给出详尽的采收指示。比如说，碰到偶尔会发生的熟成度不一的问题——例如在开花期延长的情况下，他们会分好几次采收。月初，他们察看了"山丘"的夏东内，摘除发了霉的果串。

"我们也可以在那时就采收。"腓德烈克说，"但吉多觉得让它们多留两天也有好处。当然，要拿掉发霉的果串，以免疫情扩散。"

今天给工人们的指示：在坡底采时要小心。那里的土壤较厚，葡萄藤所受的日照较少，湿度也较高。

"都是些细部的差异。"他说，"但在斜坡上半部和中段，你闭着眼睛也能采。"

第一串葡萄被摘了下来，采收正式开始，不似在冬季光秃秃的葡萄园里的修剪，厚厚的秋叶让原本刺耳的剪刀声变得柔和，组成了一首醇美的秋之交响乐。

采收全以人工，唯一看得见的机器，是用来搬运葡萄的卡车。

"小心祸从口出！"腓德烈克警告，"你要是胆敢跟安杰罗提到机器采收，当心性命不保。"

有些人主张用机器采收，特别是在平地上。在天热的产区，用机器的话可以在凉爽的夜间来采收，这样速度快得多，也比较经济实惠。

但如果用机器采收，你必须让葡萄藤去配合机器，而且机器是出了名的笨手笨脚，像内比奥罗这种紧附在枝干上的葡萄，用机器来采的话，会把它们摇得死去活来。

"机器采收根本就是一大退步。"聊到这个话题，安杰罗几乎要发火，就像斗牛看到了红色一样蛮性大发。"我们花了这么多时间和精力，训练工人如何拣选和善待葡萄！"

安杰罗画下一道品质监管的底线，采收机器休想越雷池一步。

"机器又不会思考，"他嗤之以鼻地说，"他们怎么懂如何筛选葡萄？"

采摘，也意味着筛选。

腓德烈克剪下一个果串，上头的葡萄有些干枯。"你要懂得分辨干枯的差异。"他解释，"一种是日晒造成的，这会让葡萄变得更甜，就像这颗。"他从果串上摘下一颗葡萄，尝了尝。"另一种，则是因为葡萄的嫩枝遭到毁坏，葡萄会变酸，那种就不能摘。"

安吉罗·蓝博指着一个果串上几颗有点发霉的葡萄。"我记得第一次参与这里的采收时，安杰罗不断告诉我们只许摘成熟健康的葡萄。'发霉的葡萄只会酿出糟糕的酒。'他这么说。"蓝博拿掉发霉的葡萄，把好的放进桶里。"这里大部分的葡萄农不会这么做。"他加一句，"有些人甚至说，霉让酒尝起来味道更好。"

另一排的工人，隔着葡萄藤大吼道："把发霉的葡萄和好的葡萄混在一起，根本就是用罪恶亵渎神圣。"

采收用的桶子是塑胶的。

"当然，"腓德烈克说，"虽然没有以前用的柳条篮那么诗情画意，但卫生多了，你根本没办法彻底消毒柳条篮。"

用来装白葡萄的桶，比圣罗伦佐用的桶还要浅。"白葡萄的皮薄，比较容易碰伤。"腓德烈克解释。

当葡萄愈堆愈高，底部的葡萄皮会被压破，那可是迈向终结的第一步。吉多口中"不好"的酵母就在葡萄表面等机会，皮一破，它们就开始作怪。如果没有助产士的协助，葡萄酒的诞生过程危机重重。发酵，相当于生产时的分娩，尚未抵达酒庄之前，最好别开始。

"不只这样。"腓德烈克补充，"还有氧化危机。"

葡萄酒与氧气间的关系错综复杂。酒需要氧气，但它也可能会毁了葡萄酒。所谓成也萧何，败也萧何。那只抚慰的手也可能甩你一耳光，甚至手持凶器。最危险的时刻莫过于开头和收尾，也就是收成和装瓶的时候。

生产的风险会随着高温上升，这也是为什么采收前的低温，会让人觉得安心。

腓德烈克的爸妈就像进了糖果铺的小孩子。"我们早就听说过这些葡萄，但你一定要亲眼见到才会相信！"他爸爸大叫道，妈妈则在旁笑着点头。

工人们慢慢地沿着斜坡向下移，这一块叫做 la punta 的地方总是最先采，发酵与陈年也和其他的分开；另外一区 sotto il cortile 也一样。吉多和安杰罗会在以后才决定要不要将两者混合。

如果采收的方式改变，葡萄酒也会不同吗？这问题让懂酒的人很感兴趣。

法国知名小说家斯汤达（Stendhal）在某篇作品中，曾描写过 1837 年在勃艮地的一顿晚餐。整晚唯一的话题，就是知名的芙舟围园（Clos de Vougeot）的采收方式：究竟是由左到右横着采好，还是从上往下直着采好。餐桌上的 1832 与 1834，正好是由两种不同的方式采收的。（斯汤达还不忘挖苦，说这番谈话比地方性晚餐所常聊的政治话题要有趣得多。）

意思是"尖端"的 La punta 是块三角形地，直角三角形的斜边是旧时的蒙塔街（Strada Montà），上通芭芭罗斯科村，下达托那洛河的渡轮口。比起 sotto il cortile——意思是"庭院下方"，La punta 的土壤更容易流失。尖端的土壤较浅，黏土层较少，所以排水较好但储水较少。1987 年雨量甚多，因此"尖端"的酒比较浓，所以 1987 年份的圣罗伦佐特级葡萄酒，用的全是这区的葡萄。

"但像今年这样，sotto il cortile 的表现可能更好。"腓德烈克说道。

在意大利文里，有句俗谚形容跨语言翻译的困难——Traduttore，traditore，意思是"译者，叛徒也"。译者注定要背叛原文。但就像柯蕾特所说，葡萄藤是最忠实的译者，把土壤掌握得巨细靡遗，再将这一切转移给葡萄。即使园里的土质几乎完全相同，但依然能在采摘下的葡萄和果串大小中看出差异。

位于贝尼诺的白苏维农，是今年第一个采收的葡萄园，那里有一块土壤特别深厚，因为整地时，土都被堆在那儿。和周围相比，此处的生长显得特别旺盛，葡萄熟成得也比较慢。9 月 5 日采收时，那区的葡萄看起来还是绿绿的，而且有白苏维农招牌的植物青草味。周围其他的葡萄已经变黄，口感也比较丰富。有些知名葡萄园，例如芙舟围园，因为生长条件的相异性，因此只有一小部分的葡萄与其盛名相符。但就连面积比占地一百二十五英亩的芙舟围园更小的葡萄园，也会发生这种情况。

"啊哈！"腓德烈克大叫道，声音里既敬畏也恼怒，"如果安杰罗能的话，他会要我们把每排葡萄都分开来采收和酿制！"

他停下脚步，把和葡萄一起掉进桶子里的叶子拿掉。"但葡萄的不同，除了土壤，葡萄藤本身也是因素之一。"

他往下走了几步。

"看看这两株葡萄藤，这株的一个果串有点霉。"他把发霉的葡萄剪掉。"土壤一样，栽植方式也相同，但和就在一旁的葡萄藤比起来，这株葡萄

145

的果串比较密集，空气不容易流通。万一有只黄蜂刺穿了葡萄皮，就可能由于湿度高而发霉。这两株葡萄藤，出自不同的无性繁殖（克隆）。"

这下腓德烈克被逮个正着，他可得好好解释一番！克隆有什么重要？

"克隆"听起来似乎吓人，但这其实不过是个词。这个词来自希腊文的"枝"，指的是用来扦插或嫁接的细枝。词的本义很清楚，也很单纯："有着共同的祖先，透过无性繁殖而形成基因相同的生物。"但这个词引发的联想，让人起鸡皮疙瘩。

就像所有园丁一样，葡萄农早就发现某些品种的活力，可能比其他来得强或弱、容易或不容易生病。以前种葡萄的时候，他们会选择最好的插条，这又叫菁英选择法（massal selection）。

无性筛选在很多方面都和传统的菁英选择不同。例如位于巴罗洛的拉摩拉村（La Morra）的都灵大学实验农场，种植了超过四十种具有代表性的内比奥罗克隆藤。这些葡萄藤来自四面八方，有的远自瑞士边界伦巴蒂（Lombardy）区的瓦泰琳娜（Valtellina）。

就算是门外汉也能一眼看出差异：果串的大小与葡萄的间隔度都不一样，叶片多寡不同，茎节长短也不一（如果打算高密度种植的话，那么该选择短茎节，因为这种葡萄藤所占的面积比较小）。

每种克隆枝会被嫁接在两种不同的砧木上。每年记录各种数据：发芽、开花与转色期，花朵受精的成功率，藤干的直径——也就是活力，还有抗腐力等等。然后分别酿制、评比成果，经过筛选之后再提供给葡萄农使用。

同个品种的克隆彼此间的差异可能很大。有的产量可能是另一个的三倍；并排种的两株葡萄，其糖分浓度的差异可能有酒精度两度之高，而且单宁与染色物也可能差上一倍。但如果只根据某种特性来选择克隆，有时会出问题。以波尔多为例，霉菌毁了1968年份的葡萄后，在1970至1975年间，官方要求种植的卡本内苏维农只能是一种能抗霉的克隆；后来证明，那些葡萄几乎无法熟成。

无性筛选法乃于十九世纪末从德国开始，法国在1920年左右采用，意大利则于六十年代跟进。最初的目的是提供给农民们健康的葡萄藤。第二次世界大战前，法国大多数的葡萄藤都饱受病毒之害，造成产量大减。麻烦的是，筛选时因为严格排除有染病迹象的葡萄藤，并采用热疗法来杀死病毒，而导致活力强、产量高的葡萄藤成为主流。

"要选择符合目标的葡萄藤，"腓德烈克说，"如果你的目标是酿出好酒，选那些克隆藤的结果，就像买了一台法拉利，却只能在中世纪小镇狭窄、崎岖、壅塞的街上开。"

太阳越来越厉害，一阵微风吹拂过来，有个工人爬上坡来拿他忘在这儿的东西。

"嘉雅什么时候才要装空中缆车。"他假装累得要死地说。葡萄园里传出阵阵笑声，采收现场的气氛很好。

第一车葡萄已经装好，牵引机往小路缓缓移动。"准备上路啦！"一个工人说道，"1989年的圣罗伦佐特级葡萄打包妥当，要往酒窖出发了。"

腓德烈克咧着嘴笑，比出胜利的手势。就像一位认真的老师看到爱徒毕业，日后他们必定会再相逢，不过彼此的关系将会不同。

牵引机在通往马路的斜坡下停了一会儿，"我们十分钟内就会到酒庄了。"年轻驾驶员这么说。

没多少年以前，一辆牛车载满了葡萄，在炎热的午后，从村外的葡萄园慢慢朝酒庄驶去，那情景就像美国西部拓荒时一辆毫无武装的驿马车，各种法外之徒，像坏酵母、氧气、细菌等等潜伏在四周，准备突击这些贵如黄金的葡萄。

道路蜿蜒伸向山坡；由于前一晚的低温，葡萄还蛮凉的。

牵引机经过"山丘"、达尔玛吉葡萄园，开上了都灵街，绕过广场和村公所。它在三十六号门牌前熄火，朝着红色大门按喇叭。

隆隆声中，大门缓缓地向后打开，车朝里头驶去。

酿酒还没开始，葡萄将如何摇身变为1989年的圣罗伦佐特级葡萄酒，这段神奇的转换让人充满了想象，但至少要再过三年，经过无数次的转型，这款酒才会装瓶，在世界各地上市。

在价位和知名度上，芭芭罗斯科能与葡萄酒匹敌的特产，莫过于白松露了。它由大自然免费供应，你只须挖掘、擦干净就可以大快朵颐。

在酒之巅

The Vines of San Lorenzo

1989年9月23日—10月4日

　　刚把葡萄交到吉多手里，他做的第一件事，正是过去四个月来腓德烈克所极力避免的——破皮！在酒窖的第一层，有台机器专门负责这项工作。

　　这样的破坏意义何在？

　　吉多的解释很简单，他不过是打开大门，好让他的部下能够进入葡萄内部开始工作。比较浪漫的说法则是，男生与女生、酵母和糖（发酵的甜心），两人得先见面，之后才有戏唱。不管是哪种说法，都得先压破葡萄。

　　吉多做了个怪脸，之所以如此，背后其实有原因的。吉多不仅对酿酒细微的差异十分讲究，对酿酒词汇也是。压破葡萄是种暴力行为，而酿酒人的一项重要信条就是非暴力，这是"众多戒律中的首诫"。

　　"就像挤橘子一样。"吉多说，"如果太用力，橘子皮里的苦味就会渗进果汁。"

　　由于找不到更好的名称，酒窖里那台机器就叫除梗压榨机（stemmer-crusher）：由除梗杆和布满小孔的水平圆筒组成，杆上有许多叶片。圆筒和滚轴的运行方向相反，速度快慢可以调整，这些叶片摩擦着圆筒中的葡萄。梗被剔除后，葡萄通过小孔，通过管子送往下一层的发酵槽。按制造商的想法，圆筒就是除梗机，底部则是压榨机，可以调整滚轴，对通过的葡萄

151

进行压榨。

传统的压榨方式是以人工踩踏。当年的桶子不像现在这么大，人和葡萄都在桶子里，光脚在葡萄上踩。这种做法虽然比较没效率，但压榨机也是花了好多年才研究出轻柔的压榨方式。

阿格斯顿·哈拉茨基（Agoston Haraszthy）是加州最古老的酒庄——美景园（Buena Vista）的创建人，1861年游历欧洲时，他记述了与一位德国葡萄农的邂逅，说到那人酿的酒非常好，拥有各种最新科技，但就是不再用那台昂贵的新型压榨机。那些滚轴不但压破了葡萄，连梗也一起碾碎了，因此酒变苦了，所以他又回头采用传统做法。二十年后，欧大维也证实了虽然压榨机稍有长进，但制造商"依然无法研发媲美人类赤脚踩踏的压榨机"。

吉多点点头。"很不幸，制造商始终搞不清楚效率和进步之间的差别。"

他还记得酒庄买的第一台压榨机，据乔凡尼说是"芭芭罗斯科村的第一台"。那台机器是先压碎葡萄，再除梗。

"机器是滚轴设计。"吉多边说边打个冷颤，"那台机器什么都压得碎。"他一面描述残酷的细节，一面比出开膛手杰克（Jack the Ripper）的手势。"梗会卡进滚轴叶片里。什么都压得粉碎，有时甚至连葡萄籽也逃不了。"

连换六台机器之后，他才觉得制造商终于掌握到诀窍。"他们总算意识到这是非常精细的处理过程，对酒的品质有重大影响。"设计上也有了改进，例如改用磨擦力较小的特氟龙（Teflon）。

吉多调整水平滚筒，让它们滚动得愈慢愈好。"这样做，就像以人工去梗，把葡萄串放在网格上磨擦的效果。"

酿酒的问题千丝万缕，但没有一种葡萄像内比奥罗一样难对付。它需要特别的呵护，所以吉多做好最周全的准备，在酒窖里迎接这位娇客。

"去年有些法国酒界人士来参观。"他说道，"他们无法理解，内比奥罗

居然从第一道手续就这么麻烦。"他脸上一副很明白的表情，"那当然，他们习惯的是卡本内苏维农。"

每年收成的葡萄有很多种，卡本内苏维农总是被大家票选为"最具潜力"。它知道如何结交朋友，如何影响他人。负责酒窖的吉多，还有负责葡萄园的腓德烈克一提到那品种，总是异口同声地说："太简单了。"

内比奥罗的皮比卡本内苏维农薄，但却比较难去梗——果实与茎之间的小梗。皮薄与难去梗这两点，让除梗机的运作变得很困难。处理内比奥罗，滚筒的速度必须加快，因为它不像皮厚的卡本内苏维农，能够承受额外的搅打。

"其实我们从不曾启动压榨机下方的滚轴，大部分的葡萄在除梗机里就已经分家了，如果有整颗葡萄保存下来反而是好事，这有助于让酒体更柔顺。"

在早期的酿酒文献里鲜少提及去梗，压破葡萄是必要的步骤，去梗则可有可无。

葡萄梗里不含糖，但每串葡萄里有四分之一的单宁在梗中。梗会增加葡萄酒的单宁，但也会降低酸度。除此之外，还会给酒带来植物味和梗味，并影响色泽，因为色素会附着在梗上。

从前之所以去梗是有原因的，因为光脚踩在梗上很痛。虽然葡萄梗只占一桶葡萄总重量的百分之五，但它们却占了总体积的三分之一。去梗葡萄比较不占空间，对小葡萄农而言，这可不是件小事，但不去梗也有好处，葡萄梗让葡萄在发酵时不会挤在一起，比较好掌控，空气可以流通。

在芭芭罗斯科，去梗也是近几年才成了必经的工序。欧大维曾说："蓝葛区的葡萄是不去梗的。"而嘉里诺-卡尼那（Carino-Canina）在第一次世界大战后，发表了关于芭芭罗斯科的重要研究则指出，做发酵时，会有一半到三分之二不等的葡萄梗。

今日顶级酒庄主要考量的是风味。培诺（Peynaud）写得明明白白，他的格言是："难入口者，必定难入喉。"只要嚼过葡萄梗的人，就会了解培诺为什么坚持要去梗，但去不去梗应该视品种而定。很难想象葡萄梗如何替卡本内苏维农增添风味，更别提内比奥罗了。芭芭罗斯科酒里的单宁，就跟纽卡索尔（Newcastle）的煤矿一样丰富。葡萄梗也有拥护者，那是因为这些酒庄的葡萄品种单宁含量少，如黑皮诺、仙粉黛，还有梅洛。罗伯特·派克在他那本专门讲波尔多的书中，提到著名酒庄如石头堡（Pétrus，也译柏翠丝），在他们几乎以百分之百的梅洛酿制的酒中，使用了百分之三十的梗。至于酒体柔顺的多切托，吉多也曾在酿酒时做过添梗实验，但一旦应用到内比奥罗上，"去梗还是不去梗？"他成了"哈姆雷特（Hamlet）"。毕竟，他真正需要处理的是过多的单宁！

吉多装了些压榨机里流出的果汁在罐子里，带到楼上的实验室。

"我需要一点葡萄原汁（must，或译葡萄胶）。"他用了个专有名词。

把浅粉红的液体倒进两个高烧杯里，检验里面的成分。吉多一旦投入工作，便展现出许多不同的面貌，让人惊讶，几乎认不出来。

一开始他就像个令人安心的医生，毕竟这只是个产前检查；一转眼，他又成了一丝不苟的会计师，正在清查液体所拥有的资产。"让我们看看里面有多少糖。"紧接着，一个警探突然冒了出来，开始拷问一脸苍白的玫瑰红，是否回到了原汁常会发生问题的七十年代？

吉多拿着一根一头有着灌了铅的圆球、长长的温度计，把它插入葡萄原汁中，温度计垂直漂浮着，吉多看着管子上的数据，脸庞发光。你以为他会大叫一声"我有答案了！"据说阿基米德发现浮力原理时，高兴地从叙拉古的公共澡堂冲出来，光着身体跑回家去，一路上就这么嚷着。阿基米德的重大发现，使吉多有了他要的数据。

在酒之巅——易特拉至坡六

赫农王二世是阿基米德的好友，他订制了一顶纯金皇冠，怀疑工匠掺杂了其他合金。阿基米德躺在澡盆里的时候，顿悟一个物体浸入水中时受到的浮力，等于物体所排开的流体重量。所以他只需要拿一块与皇冠等重的黄金，和皇冠分别放进水里，再比较它们排出的水量是否相同。如果水量不同就代表皇冠并非纯金，而这个实验也证明了金匠的确掺假。

吉多所用的仪器叫比重计，测量的是葡萄原汁的密度。在比重计和液体表面交接处显示数值。比重计浮得愈高，代表密度愈高。

"1.104。"吉多说道。水的比重是1.000。两者的差异主要在于其中所含的糖分，现在他知道原汁的含糖量有多少了。

糖尿病患者大概是唯一和酿酒师一样，非常重视糖含量的人。原汁中所含的糖分让吉多知道酿好的酒精浓度将会有多高，以及酵母要多费力来完成发酵。这个数值也让他得以观察发酵过程是否正常。酒精的密度低于水，因此在糖转化为酒精后，葡萄原汁的密度会逐渐减少。

比起葡萄园里用折射仪采样的数据，比重计的数值要更准确一些，但这个数值也不完全可靠。等所有葡萄都压榨后，吉多会从槽中再取一批原汁来测量。更精确的数据，则是透过化学分析所得的每升含糖克数。

下回你酿酒的时候，手边如果没有比重计，你不妨试试十八世纪狄德罗（Diderot）编纂的法国百科全书里的建议："当新鲜鸡蛋能够浮在葡萄原汁上时，代表其中含糖量丰富，可以酿出酒精度较高的酒。"（请注意，如果鸡蛋很老，不新鲜的话，那么放在水上也会浮起来。）

吉多放下比重计，把一个小型盒状机器的电极，放进另一只烧杯里，打开电源然后读出上面的数字：

"2.99。"

这是原汁的pH，代表的是"氢离子浓度指数"。这个概念在1909年由丹麦化学家索仑生（S. P. L. Sørenson）提出。pH的度量从0到14，用来表示溶液的酸碱值。纯水是中性的，所以 pH 为 7；低于这个数值就是酸性，数值愈低，酸度越高；高于 7 是碱性，数值愈高，碱性愈强。大部分的食物都属微酸性，蛋白和苏打粉是少数例外。柠檬汁的 pH 在 2 左右，很酸。肥皂和清洁剂属于碱性，家用阿摩尼亚（氨）的强碱接近 12。酒的 pH 大多是 3 到 4。原汁与酒的酸碱值并不等于酒的总酸（total acidity）。总酸指的是酸度的总量，而且不同酸的强度也不同：最强的是酒石酸，苹果酸次之，最弱的是乳酸。

酿酒师检查原汁与酒中的 pH，就和减肥的人追踪体重一样仔细。酿酒过程的许多步骤都受酸碱值影响，也会直接或间接影响到品酒时的感官体验。对一个门外汉来说差异很小的 pH，却可能使葡萄酒天差地别。

葡萄原汁中通常包含了微生物新陈代谢所需的一切：葡萄糖、果糖、氮和 B 族维生素。这是顿美味大餐，许多不速之客也想大快朵颐；大餐不是酵母独享，细菌也想分一杯羹。

"pH 就像是贵宾室门前的警卫。"吉多说，"他不能太马虎，因为你不希望有人来闹事；但也不能太过热情，否则宾客们吃不消。如果葡萄原汁的酸碱值低于 2.90 或高于 3.30，那么我就该担心了。"

酵母比大多数的细菌更能在葡萄原汁与酒里生存。大部分的细菌喜欢中性或微碱性的环境，任何让人生病的细菌，都无法忍受像葡萄原汁一样酸的环境。然而，某些菌种能在更酸的环境中繁殖，进而毁了葡萄酒。

酸碱值与色泽也息息相关。酒龄轻的红酒中的色素，对 pH 非常敏感。拿任何一种含有相同红色素的水果或蔬菜，像紫甘蓝或是红苹果皮，但别拿甜菜，在上面撒点发粉，隔一夜再看，它们已经在碱性环境下变成灰色了。

"酸碱值一向很难拿捏。"吉多说。

原因之一是葡萄自身的差异：靠近籽的果肉比较酸，靠近皮的比较甜。如果葡萄只稍微压过、轻轻榨的话，靠芯的汁就会比较少。

"如果你马上测量 pH，"吉多解释道，"得到的数值和一小时后的一定不同。"

　　另外还有个问题——盐化作用，酒石酸形成酒石酸盐，然后沉淀在酒中。

　　"看这里。"他说道，"你可以在酸碱计和比重计上看到结晶体，这种现象难以预料，可以确定的是，最近这种情形是越来越多。"

　　吉多担心的是，高含量的酒石酸与大量使用钾肥之间的关连。不久之前专家们还在鼓吹使用钾肥。

　　"雨量正常的时候这么做没问题，但遇到干旱时，这些肥料就成了定时炸弹。"

　　吉多正在分析的原汁，有着罕见的组合：典型芭芭罗斯科的低 pH，和高含糖量。1989 年的圣罗伦佐特级葡萄酒会自然诞生，但在其他地方，酿酒师经常以人工方式来调整原汁。以勃艮地和波尔多来说，增加原汁中的糖分，以提高酒精度，这样的做法十分常见。这个步骤叫做"添糖法"（chaptalization），是以拿破仑时期的化学家兼部长夏普塔尔（Jean Antoine Chaptal）来命名的。在气候炎热的地方，通常会做加酸处理；天冷的产区则会用化学法去酸。

　　"这些数据和去年差不多。"吉多说。"糖分较少，总酸较高。"这正是他想要的结果。但是他还是刻意挑了些小毛病：

　　"经历了干旱、高温，接着是这个月初的暴风，哎，你永远说不准的。"

　　但是看看吉多笑得合不拢嘴的模样，这个年份就算不是极品，也相去不远了。

　　"我觉得自己好像是个罪犯。"吉多说这话的时候，还假装鬼鬼祟祟地看了看四周。

　　他正在调整机器上的喷雾器，那是给葡萄加二氧化硫用的。之所以说像犯罪，那是因为美国市场上的酒必须标注"内含硫化物"。专业酿酒师用量较少，因此除了小部分人会对二氧化硫过敏外，几乎是无害的。

"至少我有一些共犯。"他眨了个眼低声说，"那就是酵母！"

早在1894年，人们便知道，即使在正常的发酵过程中，酵母作用后会产生二氧化硫，但这件事却被人遗忘，直到1960年初才重获关注。当时，有个德国酒庄庄主标榜他的酒不添加二氧化硫，但官方检验后却发现含量极高。这件事闹上了法庭，庄主坚持自己的清白，后来由一位顶尖酿酒学家出庭作证，证实二氧化硫是酵母制造的，他才被宣判无罪。所以说，所谓百分之百"纯天然"的葡萄酒中依然含有二氧化硫，想要根除它，无异于水中捉月，难以实现。

二氧化硫和酸碱值，是吉多手下安全部的核心成员。以硫化物来保护葡萄酒，不受细菌破坏和避免氧化的做法，至少可以追溯到十五世纪晚期。杰出的波尔多葡萄酒史学家荷内·毕贾索（René Pijassou）曾提到，他在翻阅十八世纪某些酒庄的收支簿时，对每年大量的"火柴"花费感到十分疑惑，后来发现这种芯含硫化物的"荷兰火柴"，是在把酒灌入木桶前，用来消毒木桶、杀菌的。

直到十九世纪末和二十世纪初，在压碎、尚未发酵的葡萄中加点硫化物的技术，才运用在酿酒上。这个酿酒史上最重要的创举之一，由瑞士科学家赫尔曼·穆勒所发明〔人们通常都会往好处想，爱酒人会记得他对酿酒学最重大的贡献，而不是以他命名的无趣品种穆勒-图尔高，此乃丽丝玲与希凡内尔（Silvaner，译注：也拼写为 Sylvarer）的杂交品种〕。1919年，阿斯蒂葡萄酒学院的名学者嘉里诺-卡尼那就曾写道："二氧化硫对酿酒来说非常重要，就像硫酸铜之于种植一般。"

二氧化硫不仅有助于葡萄酒抵抗细菌与氧化，还能溶解皮中的色素。而内比奥罗酿酒的一大问题，就是如何萃取颜色。不像卡本内苏维农，那根本……

"易如反掌！"吉多大声说道，"事实上，我试过不用二氧化硫来酿卡本内苏维农，因为色泽根本不成问题。只有在装瓶时，才需要二氧化硫。但切记不要因小失大、滥用二氧化硫，而影响了品质。我希望酿酒时掺和的东西愈少愈好，这样会比较纯净，没有不该有的气味与口味。小时候，我们在孟特思凡诺的酒窖从不用二氧化硫，酿出来的酒时好时坏，一切全靠运气。"

身为工头，吉多的工作就是确保发酵过程中，只有"好的"酵母参与。问题是在破皮阶段，好酵母总是寡不敌众。大部分坏酵母只会捣乱，有少数倒真是问题人物。

"发酵的时候它们总是制造脏乱。"吉多说，"你绝不想要那些东西在酒里，尤其是 VA。"

VA 是"挥发酸"（volatile acidity）的缩写，那是一种在常温下会挥发、能闻得到的酸，不像酒石酸或苹果酸这类的固态酸，是闻不到的。酒中的挥发酸是乙酸（acetic acid），也就是醋酸。醋酸形成时通常伴随着乙酸乙酯（ethyl acetate），气味类似去光水（洗甲水）或飞机模型用的胶水。

"二氧化硫能够阻挡坏酵母，"吉多解释，"替好酵母争取时间，让他们有机会逐渐壮大，有足够的数目可以进行发酵。这需要一段时间，这也是为什么发酵不会马上开始的缘故。好酵母也不喜欢二氧化硫，但只要量不多就不至于让它们退避三舍。"

在每一百公斤的葡萄中（约二百二十磅），他只加了三克，而且一压榨完就要加。"如果等进了酒槽才加的话，那时坏酵母的数量太多，就很难控制场面了。"

吉多虽然是二氧化硫的忠实拥护者，但对滥用的情形也看不过去。

"有些人加固定的量——而且通常都过量，因为推销员告诉他们加多少就加多少，而推销员只想着业绩。渐渐成了习惯，就像你还没尝就先在菜里加盐。现在我们弄清楚二氧化硫的功用，但准许的添加量还是太高了。"过量的二氧化硫会让人觉得刺鼻。

吉多会根据几个因素来决定用量。其中很重要的一项是酸碱值，pH 越低，二氧化硫用得就越少。

"没错，我们要把安全关，但不要滥杀无辜！"他大声说。pH3.5 时添加二氧化硫会延缓发酵的时间，但在 pH2.8 时，葡萄原汁就会停止发酵。

想要二氧化硫执行保安的任务，就不能和葡萄酒内的其他元素结合。游离的二氧化硫才能阻隔氧气，避免葡萄酒氧化；结合后的二氧化硫，就像被五花大绑的警卫，毫无用武之地；而且一小部分的游离二氧化硫还有抗菌效果，酒的 pH 越低，分量就越大。

二氧化硫的奥秘似乎无穷无尽。

"如果葡萄像今年，二氧化硫其实可有可无。但遇到霉病肆虐，比如1972 和 1973 年，少了二氧化硫根本酿不成酒。就像盘尼西林可以控制感染，我们必须利用二氧化硫来阻绝氧化酶。"

氧化酶？

吉多以笑容示意我们不必担心。他不打算卖弄一堆专业词汇，但只要是爱酒人，多少要懂点酶（enzymes）！

酶是种蛋白质，能够催化动植物内部各种复杂的生化反应。这些反应原本也许极为缓慢而且难以察觉，酶能催速，而且可以作用上百万次仍保持活性。一个活细胞内有多种不同的酶，但每种酶只负责某种物质中特定的催化作用，因此，酶可说是最顶级的专家。

没有酶分解，你甚至没办法消化吸收食物。就拿很普遍的乳糖不耐症（lactose intolerance）来说，乳糖需要经由乳糖酶，分解为葡萄糖和半乳糖，才能为人体所吸收利用，否则乳糖就会经小肠直达结肠，在细菌发酵后产生气体。乳糖酶存于人类的肠道中，在新生儿期量最多，之后便迅速递减。事实上，大多数成人都缺乏乳糖酶，但大部分的西方人是例外。

在有霉的状况里，吉多会向二氧化硫求救，来对抗氧化酶，这种酶又是如何影响脆弱的葡萄的？你可以观察去了皮的水果是如何变成深棕色的：只要拿一片刚削好的新鲜苹果，和一片放了几小时的相比，便一目了然。

吉多已经加好了二氧化硫，但他可没忘记那条警告标语。

"速食店和超市的沙拉里的硫化物更多。讽刺的是，目前酒中所允许的二氧化硫量，从来没这么低过，我刚踏进这一行的时候，用量至少是现在的三倍。"

吉多又回到葡萄跟前，但你绝对猜不出他打算做什么。他正在喂酵母吃大餐！

"只是补充营养而已。如果他们吃不饱，干活就不起劲，甚至还会罢工。"

酵母所需的养分通常能在葡萄原汁中获得满足，但随着发酵推移，养分渐渐减少了。一个尽责的营养师绝不会坐视不管。氮素易于吸收，能够帮助酵母细胞繁殖，所以今日菜单上的是磷酸铵（ammonium phosphate）。每一百公斤的葡萄加八克，因为量实在很少，只有酵母才会注意到。

"我也可以添加人工培养的酵母，这样可以加速发酵。"吉多说，"但我想把机会留给这些土生土长的天然酵母。"

酵母不是只有好坏之分吗？吉多根本没有停下来解释新分类，他接着继续说："为了安全起见，我当然可以这么做，因为发酵若搞砸了，那可没办法重来……"

吉多滔滔不绝的当儿，葡萄也源源不绝地从压榨机流向下一层、编号二十六的不锈钢槽中。新手这才发现它们全消失了。

葡萄从原汁变成酒的启蒙告一段落！但为什么现在葡萄成了禁果，新手无法看见？难道发酵是某种机秘？也许是葡萄从葡萄藤迈向葡萄酒的仪式？既然有所谓的春之祭，莫非这就是秋之祭！

吉多坚称里头没有秘密。"你只要爬到酒槽顶端，就知道发生了什么事。"

但从槽顶往下看，里面黑漆漆的，看不出所以然来。没错，葡萄是在里头，但不见酒的踪影。

"别担心。"吉多说着，从一个已经开始发酵的酒槽里，取了一些原汁倒在桶子里。他回到实验室，把原汁连皮带籽，全倒进一个大玻璃瓶里。

"这可以让你亲眼看见，二十六号酒槽里面即将发生的现象。"

这是吉多提供的贵宾席，来观赏这场"举世无双的表演"。

观众看到的大部分是二氧化碳，或叫碳酸气，也就是在可乐和香槟里的气泡。细小的气泡从底部往上冒，速度越来越快。与一些固态物质黏合后，被推到液体的表面。

"发酵过程中至少有三十种不同的化学反应。"吉多解释道，"酒精在最后，二氧化碳则是倒数第二，丙酮酸（pyruvic）经由碳酸酶分解为二氧化碳与乙醛（acetaldehyde）。"

悬浮在原汁上面那层厚厚的果渣，也就是葡萄的固态物部分，"我们叫它酒帽（cap）。"

由于气体压力很大，果渣被压缩，大约有三分之一浮在原汁上。葡萄籽和其他固体沉入玻璃瓶底。这两者之间是浑浊的原汁，离酒帽越近的越浊。

发酵会产生大量的二氧化碳。香槟的气泡来自于后来添加的糖与酵母所带来的二次发酵。留在瓶中的二氧化碳压力极大，软木塞的瞬间爆发时速可高达六十英里。二次发酵大约只会提高一度的酒精，一瓶香槟只有七百五十毫升，但酒槽这么大，像1989年圣罗伦佐这样的葡萄酒，所含酒精浓度几乎高达十四度，发酵时的二氧化碳量会有多大，光是想想就令人咋舌了。

看着发酵的进展越来越火热，便不难了解为什么许多古时意大利酿酒文献里，总是用沸腾（bollire）这词儿来描绘发酵。没错，发酵（fermentation）的拉丁字源是 fervere，也就是沸腾。词源学点亮了一点：葡萄原汁之所以不停地冒泡，是因为发酵者热情地工作。

这一切全拜酵母所赐，它们是发酵秀的明星，但你只能看到演出，却看不到深藏不露的表演者。

奥多·瓦卡在都灵大学的微生物与食品学系前停车。他车牌前两个字母 CN 在一片 TO 开头的车阵中特别醒目。

"都灵的人说，CN 这两个字应该是 capiscono niente 的缩写，意思是'啥也不懂'，因为库内奥省的人总是被看作是乡下土包子。"

奥多对都灵蛮熟的，因为去加州大学戴维斯分校进修前，他在这里的大学取得农学学位。现在他把吉多的酸碱值测量计交给他们的好友——微生物学家文森卓·杰比（Vincenzo Gerbi）校准。

杰比的实验室在一栋建筑物死角的昏暗地下室里。奥多愤愤不平地说："在加州大学戴维斯分校，连门房都不会待在这样的地方。"

但实验室里生气勃勃，里面堆满了书报杂志、试管，还有色谱分析仪。这个仪器能够分离葡萄酒中的香气与味道，然后透过图表呈现含量。实验室里甚至还放了一台迷你榨汁机和大肚瓶，供实验用。

杰比年近四十，他穿着白袍，小胡髭修剪得很有型，举手投足有度有节，典型科学家的样子。人们很难将科学家和葡萄酒联想在一起，然而从十九世纪的巴斯德（Pasteur）到现在，我们对葡萄酒认知的重大进展皆来自科学。

"好笑的是，"杰比说，"很多人一想到科技，就想到添加物，和各种人

163

为加工。实际上，科技帮我们酿出比过去更纯正的葡萄酒。"

接着，谈话内容转移到发酵上。杰比解释了从巴斯德以来的重大发现。他的言谈既热情又不失客观。当他谈到酵母，大家都热切地看着一旁桌上的电子显微镜。

"请稍等。"他找来一位助理，请她从大肚瓶里取一滴原汁放入玻片。准备妥当后，他把玻片放在显微镜下。

在放大七百四十倍之后，这个发酵里的幽灵人物——一颗酵母菌，总算现身了。

三个世纪前，在荷兰的戴尔夫特（Delft）的一名业余镜片研磨工安东·范·列文虎克（Anton van Leeuwenhoek），是第一个目睹这个景象的人，虽然他所见不如今日清晰。1680 年，列文虎克用一台自制的简单显微镜，观察一滴发酵中的麦芽，看到有许多"极小的微生物"。它们的大小和虱子相比，就像一只蜜蜂和一匹马那么悬殊。它们的圆周大小，"还没有一只虱子的毛那么粗"。

在《大亨小传》（The Great Gatsby）的最后一章里，法兰西斯·史考特·费滋杰罗（F. Scott Fitzgerald）回顾古老的长岛"一度让荷兰水手眼睛为之一亮"，臆想当时"人类面对新大陆的那一刹那，一定曾屏气赞叹……这是人类有史以来，最后一次面对令他如此惊异的美景"。在同个世纪，水手的同胞发现了另一个新世界——微生物的新大陆，如同美洲新大陆一般壮丽、令人无法呼吸。对葡萄酒王国的忠实信徒来说，目睹酵母菌在原汁中繁殖，有如天启般震撼。亲眼目睹等于见证了葡萄酒诞生的奇迹。

又过了两百年，由于巴斯特的发现与微生物学的问世，酵母在发酵过程中扮演的角色才得到确切地证明。到了十九世纪末，一位德国化学家爱德华·布赫纳（Eduard Buchner），让我们理解往前迈了一大步，他发现，发酵是由酵母所分泌的酶所促成的。

要进入酵母的微世界，你需要一台高倍数的显微镜。芝麻开门后，拿出你的尺来，量出一英寸的长度，然后把它均分成二万五千六百四十份。每个单位只有一米的百万分之一，也就是微米，是迷你世界的度量单位。

"这个酵母菌的大小是 4×5 微米。"杰比说道。

酵母透过胚芽法（budding）或核裂变（fission）繁殖，过程就像吹泡泡：细胞的边缘逐渐膨胀，当它长到和母细胞一样大时，就会紧缩基座，脱离母细胞，然后继续形成另一个胚芽。每次核裂变后，在母细胞身上都会留下疤痕，因此最多只能产几十个子细胞，接着生命就结束了。

"在最佳状态下，新细胞的诞生约需两小时。"杰比继续解释。也就是说，经过四十八个小时后，一个酵母菌就会分裂成 16 777 216 个酵母。在发酵过程最高峰时，一滴原汁中所含的酵母菌超过五百万个。

直到十九世纪微生物学发展之前，将生物分为动物界与植物界似乎就够了。有段时期，人们想到酵母时头脑中总是充满了问号，它们显然不是矿物，但在科学家们也无法定夺的情况下，到底该将它们归类为动物还是植物呢？

酵母如今被归类为植物，尽管四处蔓生的葡萄藤与单细胞的酵母截然不同，但葡萄酒之问世，要归功于这两位植物大师的携手合作。

透过显微镜观察酵母菌，让爱酒人眼界大开；但聆听杰比解说，却又颠覆了酒饕的酿酒本位主义。不管是葡萄藤还是酵母，它们的所做所为并不是为了酒。葡萄藤忙着播种，酵母忙着分裂细胞，目的都是为了繁殖。

酵母的发酵作用，是为了获取繁殖过程所需的能量，酒精不过是个副产品，而且会带来致命的危险。对这些滴酒不沾的酵母菌而言，酒精会让它们中毒。等酒精达到某种程度后，酵母被自己制造的污染毒害，停止了繁殖——他们不是出于自愿酿酒的。事实上，如果不是因为缺氧，他们根本不会制造酒精，因此巴斯德对发酵的定义是"没有空气的生命"。在氧气足够的情况下，它们会将糖分解为水与二氧化碳，从中汲取更多的能量，加速繁殖速度。

用来做面包或啤酒的商用酵母，其繁衍过程常须加入更多的空气。酵母细胞本身是主产品，酵母在水、某种糖类，以及氮化合物的环境中生长，其他物质在酵母菌离析后就遭到摒弃，但酿酒时这些才是我们所要的，最终遭到抛弃的反而是酵母菌。

杰比笑了笑："你看，酵母菌这种看似简单的生物，其实相当复杂。"

显微镜下的细胞是椭圆形。

"属：Saccharomyces。"杰比说道。希腊的爱酒人都认得这个词，意思是"糖真菌"；懂英语的人也能看出这个词与糖精（saccharine）的词源相同。"种：cerevisiae。"在酵母大全的索引中（其中包含了大约五百种，在葡萄、葡萄原汁或葡萄酒中发现的约有一百种），唯一需要特别留意的是酿酒酵母（saccharomyces cerevisiae）。

在未经人为介入的情况下，破皮之后的发酵总是由"坏"酵母率先发动。其中关系重大的是细尖酵母——因为细胞两端成尖状而得名。在自然发酵的过程中，最常扮演恶棍角色的是柠檬形克勒克酵母（Kloeckera apiculata）。细尖酵母和酿酒界的其他的坏蛋，除了会产生不受欢迎的醋酸之外，还常常半途撒手，因为它们无法在酒精浓度高于四度的环境中存活。所以当原汁中的酒精浓度达四度时，就停止活动。

如果一切遵照既定的剧本安排，此时英雄就该登场了。酒精启动了物竞天择的机制，适者生存的酵母成为原汁中的主宰，转化剩余的糖类。虽然偶有挑战者抢戏，但酿酒酵母几乎是所有发酵剧的第一主角。它的韧性极强，表演总是有始有终，直到所有糖分都转化为酒精，成为干型葡萄酒的时候。

"但现在已经很少自然发酵了，"杰比说，"这只存在最原始的酿酒法中。"

穆勒·图尔高主张在发酵初期，就以二氧化硫来排除细尖酵母，这个看法开启了酿酒的新纪元。举例来说，早期酒中的醋酸远超过今日酒饕所能忍受的程度。尽管就目前观点看来，挥发酸过高通常是细菌惹的祸，但在过去，细尖酵母也难辞其咎。

酿酒酵母对爱酒人来说意义非凡，但是否看过其中一个酵母，就能够了解所有的酿酒酵母？杰比的眼神告诉你，这样想就错了。不说别的，就算只观察"人类"（homo sapiens）的各色人种，也不难了解单一物种所能涵盖的多样性。

"经过这么长一段时间，酵母已经进化了。"杰比说道，"就像所有的植物，它们会变种以适应不同环境，发展出无数的种类。例如那些来自南方的酵母菌，通常比其他地区制造更多的酒精，因为那里的葡萄原汁含糖量更高。"

菌种的耐酒精度也被称为发酵能力，不同的酵母菌种差异非常大。直到 1984 年，酵母菌分类系统最新修订时，超耐酒精的酵母菌曾被归类为另一个物种：贝酵母（saccharomyces bayanus）。在发酵过程中，随着酒精浓度逐渐升高，不同阶段会由不同菌种的酿酒酵母担任。

"取定量的葡萄原汁，均分为两份，再以不同菌种的酿酒酵母发酵。"杰比继续解说，"这两个发酵的开始与结束时间都会不同。差异取决于酵母菌的发酵活力，以及繁殖的速度。"

当我们观察酵母菌时，免不了会有个疑问。酵母是从哪儿来的，又是怎么到原汁里的？

标准答案是：它们就在我们周遭，被昆虫、鸟以及风带到成熟的葡萄上。这对许多物种来说都是正确的，唯独酿酒酵母让研究的科学家感到困扰。

"关于这点，有许多争议。"杰比说道。

最近有位意大利微生物学家，研究翁布里亚（Umbria）的葡萄藤。在两年的研究中，他在熟透的葡萄上找不到半株酿酒酵母菌。几年之后，一项对照研究检视了二千一百六十颗随机摘取的葡萄，结果只在一颗上面找到酿酒酵母。于是有了如下的假设，酿酒酵母仅存于酒窖之中，因为它能在酒精浓度四度以上的原汁中大量繁殖，但在葡萄藤的果实上却不见踪影。

有可能，在少量的葡萄中并没有酿酒酵母，但数量多时可以找到几颗，虽不多但已能满足所需。酿酒师在很久以前就发现，发酵在大容器要比小罐子容易启动，也知道每年收成的第一批葡萄总是最晚才发酵。因此会在开始收成前三四天，先用熟透的葡萄培养一批先锋，将已发酵的原汁灌入第一个酒槽。设备与工人的手沾染着已发酵的酵母，继而被带到随后的收成中。

"以前发酵总是进行得很顺利，"杰比说，"就连荒年也不例外，但近来酵母菌似乎无法把所有的糖分都转化为酒精。用来对抗霉病的产品推陈出新，可能抑制了酵母生长。"

他笑了笑："说到底，酵母也是种真菌。除草剂和杀虫剂大大减低了天然酵母的数量，对酿酒酵母的杀伤力很大，因为它们不如细尖酵母那么顽强。连同葡萄一起带进酒窖里的这些微植物群，和十年前的酵母相比，已大不如前了，就连卫生状况进步的酒窖里也对酵母不利。"

杰比顿了顿。这话题确实复杂。

"为了避免发酵过程出问题，"他终于继续说，"越来越多人采用人工培养的酵母菌种，就连欧洲也不例外。在新世界，酵母菌演化的时间没有那么长，因此使用培养酵母菌已是行之有年的标准程序。"

1876 年，德国医生与微生物学家罗伯特·科霍（Robert Koch）分离出造成炭疽病的细菌，并培养成功。五年后，在哥本哈根（Copenhagen）的嘉士堡（Carlsberg）酿酒厂，艾默·韩森（Emil Hansen）首次成功分离并培养出啤酒酵母，葡萄酒也步上了啤酒厂的后尘。

　　培养的酵母菌种是无性生殖，所有的细胞都来自单一祖先。这些克隆的功能，在酿酒时与葡萄园里是一样的。

　　"采用人工培养酵母菌的麻烦是，市场被少数大企业垄断，他们只生产少数几个菌种，通常雀屏中选的都是活力旺盛的，可以增进品质的往往被忽略。每种菌种对葡萄酒的影响都不一样。"

　　无性筛选、活力。无论是在葡萄园或酒窖，看起来，都往同样的方向走。

　　杰比看看手表，然后朝显微镜点了点头。

　　另一个细胞正在分裂，谁知道它和其他在大肚瓶里的几亿个伙伴，会在葡萄酒里留下什么独特的标记？

　　"酵母没办法把差强人意的葡萄变成美酒，"杰比说，"但它们可以增添复杂度。我们要学的还有很多。"

　　微生物的新大陆有许多未知，仍待探索，即使透过高倍显微镜来观察，酵母的奥秘依然远远超过我们目力所能见。

　　"现在是尖峰时刻，"奥多接近车阵时慢慢减速。"我就猜到会塞车。"

　　放眼望去，前方的车辆全都动弹不得。司机们索性关掉引擎，在大街上聊起天来。

　　这条街就是都灵大街——但不是都灵市里的一条路。每年一到秋天，酿酒合作社的成员开着牵引机排队，等着替葡萄称重和测量糖分，造成了傍晚的交通堵塞，但芭芭罗斯科的村民似乎乐在其中。

　　"也许繁忙的交通，让我们觉得这里比较不像乡下。"奥多挖苦地说。

　　在酒窖，发酵区依然灯火通明。吉多正在和阿尔比诺·莫蓝多（Albino Morando）聊天。他是位研究员，也是吉多的好友。莫蓝多有个科学家的脑袋和一双农夫的手。他谈到肥料的时候说得头头是道，亲自下田施肥也

169

毫不含糊。这位农夫教授，一边笑着，一边狐疑地看着二十六号酒槽。

吉多打开一扇阀门，就算鼻子再不灵光，也能嗅到难闻的二氧化碳。到了这时候，就算新手也该懂：圣罗伦佐的特级葡萄正在慢慢转变为酒！这景象不容错过。

从酒槽上方看，由于二氧化碳的浮力，酒帽几乎就在眼前，让人忍不住想伸手去摸。疯狂冒着泡泡的原汁很闹，这些天然酵母显然十分卖力，但在酿酒之余，它们也不忘狂欢！

吉多和莫蓝多聊起他几年前在加州大学戴维斯分校认识的一位教授。

"我们谈到发酵，他坚持一开始就该用人工培养酵母菌，以绝后患。'直达酒精'，他这么说。"

吉多显得义愤填膺。"但酵母不单单制造酒精而已！"他大叫道。

"幸好是这样！"莫蓝多粗声说，"否则我们酿的就不是葡萄酒，而是没那么烈的伏特加而已。"

"可不是。"吉多说，"酵母又不是工厂的工人，它们是艺匠！让糖分加速转换为酒精，阻碍了使酒独特、增添复杂性的转变过程。"

吉多越说越带劲，激动的程度和酒槽里的原汁不相上下。

"这是乐趣的一部分！"他大声道，"酿酒师如果一心只想找到捷径，就跟走马观花的观光客没两样。你知道的，那些人从计程车上跳下来，匆匆忙忙看过几个著名的景点，没有好好地逛逛。除了竞技场和圣彼得大教堂，罗马还有更多值得一看的！"

莫蓝多点头。

"酵母对酒也有其他的贡献。"他说，"而且每种酵母菌种的作用相异。在相同的环境下，两个相异菌种所酿的酒必然不同。"

在波尔多格拉夫酒区的豪悟堡（Château Rahoul）工作的彼得文丁－戴尔（Peter Vinding-Diers）是位丹麦酿酒师，他曾以1985和1986这两个年份进行的实验，使他在葡萄酒界声名大噪。他将同个大槽中的原汁分装在三个酒桶中，在每个桶里注入不同的酿酒酵母菌种，其中一个菌种是在豪悟堡独立培养出来的，另外两个则分别取自玛歌与波亚克两区，在盲品时，三种酒很容易被分辨出来。

为什么酵母所制造的物质如此微量，竟能在葡萄酒中造成这么巨大的差异？

葡萄酒的成分里，能赋予酒特色的，并不是量最多的那个。正如人体，葡萄酒主要由水构成，每种酒里的水都差不多，就像米开朗基罗和爱因斯坦体内所含的水分，和你的邻居也没什么不同。优质红酒的酒精只有百分之十二到十四，但对酒的影响比水来得大。不过话说回来，拉普朗堡（Château Laplonk）葡萄酒的酒精浓度也可能和拉图堡的一样。

"感受阈"指的是一般人察觉香气和味觉的最低值。

以乙醇（ethyl alcohol）为例，它的味道微甜，但如果慢慢添加到水中，大部分的人都难以察觉，除非浓度达到百分之十一，而调味盐的感受阈大约是千分之二，醋酸则是万分之十二。换个说法，如果你有个奥运标准游泳池的水量，那必须添加五十加仑的乙醇，才能尝出酒味，但甲氧基异丁基吡嗪（isobutyl methoxy pyrazine），又称IMP，也就是甜椒（青红椒）的味道，只要一滴的十分之一就绰绰有余了。

有些物质只需要微量，就能左右酒的香气。有种氯化物名为三氯苯甲醚（2，4，6- trichloroanisole），通常是酒中带有霉塞味的主因。它的感受阈是10 ppt，在一罐溶液中999 999 999 990是水，只有10是三氯苯甲醚，就能尝到后者的味道。据研究显示，带有霉塞味的酒中三氯苯甲醚含量介于20到370 ppt之间，难怪霉塞味总是那么分明，不会让人弄错。

但是影响味觉的不只是感受阈而已，此外还搀杂了偏爱或厌恶。不管什么东西一旦过量都会让人觉得恶心，而某些负面物质，如果只添加少量，

171

却可以为酒增添复杂性。

你要是闻过一颗坏掉的蛋，就算不知道是哪种化学物质所引起的，也绝对忘不掉那个臭味。答案是硫化氢（hydrogen sulfide，H_2S）。勃艮地白酒经典的、令许多爱酒人如痴如醉的烤坚果香气，其中也有硫化氢。

少量醋酸可以提升葡萄酒的香气，但太多会让葡萄酒闻起来像醋。适量的IMP可以衬托白苏维农的品种特质；太多却会有过烈的青草味。就连微生物界的大坏蛋，恶名昭彰的酒香酵母（Brettanomyces），在微量的前提下，也能增加酒的复杂性。

感受阈是个统计学上的假设。两个人对同一个物质的感受阈差异可能很大，最明显的例子就是二氧化硫。对一个人来说，经年累月有消有长的感受阈，也可能在仅仅数周内就改变。

当然，对气味的好恶因人而异。所谓"人各有好尚，兰茞荪蕙之芳，众人所好，而海畔有逐臭之夫"。就拿卡门贝尔乳酪（Camembert）来说，人人都同意这款乳酪刚做好时过于清淡，过熟时又叫人反胃。但在乳酪逐渐熟成，阿摩尼亚（氨）的含量不断增加时，到底何时才算"恰到好处"，众人看法却莫衷一是。

各种各样的次要成分，赋予了葡萄酒特质，这些成分大多来自葡萄本身。这就是为什么要酿出"绝世"好酒，一定要有"顶尖"葡萄。除了葡萄，当然也有其他来源，例如特定酵母菌种在原汁里的新陈代谢。

"酵母菌虽然有功，但也并非无过。"吉多轻笑道，"硫化氢就是个好例子。"

酵母在分解原汁中各种硫化物的过程里会产生硫化氢。不同菌种所制造的硫化氢量也不同。百分之一的酵母菌完全不会产生任何硫化氢，但也有某些菌种制造的硫化氢量高达每升四到五毫克，大到足以使一杯酒臭得跟排水沟没两样。

莫蓝多说："当酵母菌工作压力太大，它们制造的醋酸和硫化氢也更多。"这是酵母菌告诉酿酒师，它们的工作环境变差的方法。如果环境变得过热或太冷，如果二氧化硫太多，或食物不够，它们就会抗议。

当原汁中的氮物质用光了，酵母菌就会分解氨基酸来取得氮，而副产品就是硫化氢。某个酵母菌种在华氏六十八度时工作良好，但在华氏五十度时会制造多如每升二克的醋酸。

"那不叫抗议，是搞破坏！"吉多大叫道。

不过他也承认，如果发生这种情况，酿酒师也有错，因为他没照顾好酵母菌。"如果你很在乎葡萄酒，就得好好呵护你的酵母菌。"

天然酵母在 1989 年的圣罗伦佐特级葡萄里如鱼得水，吉多觉得很满意。

"那些人工培养酵母菌全都是惟利是图的佣兵，"他板着脸说，"要它们替谁打工都可以。"

偏好天然酵母不是盲目的爱国主义，而是这些本地酵母与生俱来的权利。在特定地区演化后的酵母，往往更能赋予属于当地的风味和特质。

除非因为有问题，比如说发霉，发酵过程必须提早，吉多才会采用培养酵母，否则他总是给天然酵母几天的时间，看看它们能否执行任务。

"当然，等待会增加风险，但为了萃取精华，偶尔也得冒点险。"

腐坏的威胁让葡萄酒的世界不得安宁。加州大学戴维斯分校所提倡的培养酵母菌的主张，成了众人奉行不悖的教条。大自然用它诱人的歌声去吸引异教徒。

"任大自然恣意发展很容易，"吉多说，"以科技来凌虐它也很简单，难的是如何在自然与科技之间找出一条明路。"

酿酒的险峻，有如西西里岛与意大利本土之间的莫西拿海峡（the Strait of Messina），前有礁岩，后有漩涡。吉多下定决心，要让内比奥罗安度这段前有腐败之忧、后有未能尽展潜力的危机。

吉多虽然是领航员，但发酵时他人不在海面上，而是脚踏实地。当然，他偶尔也需要表演走钢索。不只葡萄园里有钢索，酒窖里也有。举世无双的表演里怎么可以少了空中走钢索呢？

二十六号酒槽上的电子温度计显示的是摄氏二十八度，大约是华氏八十二度，此时红灯亮了起来，自动冷却系统已经启动。

所有控制发酵过程的因素中，温度是最重要的。这是穆勒-图尔高制定的基本法则：温度较高时，发酵提早开始，也提早结束，缺点是酒精浓度偏低而且酵母菌细胞也较少。

"理想的发酵过程要稳定，不能太快。"吉多说，"不疾不徐，发展才会均衡。口感更纯净，香气更宜人，酒体也会更复杂。要是发酵太快，那么母只忙着制造酒精，其他都顾不了。"

温度过低也会带来麻烦。

"如果你用小酒桶发酵，酒窖又很冷的话，你就要想办法提高温度，启动发酵。"

如今，会让酿酒师担忧的通常是高温，以前这问题只存于气候炎热的地区，但随着大型发酵槽日趋普遍，高温问题越来越常见：容器越大，热气散得越少。发酵时所产生的能量，大约只有百分之四十会被酵母拿来用于繁殖，剩下的则成了热气。气温每升高摄氏一度，发酵的速度就会加快百分之十；也就是说，摄氏三十度时的发酵速度是摄氏二十度的两倍。

但是高温会让酵母觉得有压力，因而制造更多的醋酸，觉得酒精难以忍受，也比较不能吸收营养。套用科尔·波特（Cole Porter）的话说，"热得要死"的时候，酵母会完全停止繁殖。发酵过程停滞，情况就会变得很危险。少了二氧化碳这把保护伞，葡萄酒暴露在氧气中，容易受到细菌侵袭，将酒变成醋酸。

从某方面来说，酒只是从原汁到醋的中间阶段。"醋"这个词来自法文的 vin aigre，意思是"酸酒"。现代酿酒业已完全排除了这问题，人们很容易忘记过去这种失败的比例还不少。

"最常见的问题是酒的醋化。"范提尼写道，"有些人干脆把酒变成醋，这大概是降低损害的唯一方法。有些人拿没问题的葡萄酒和这些走味的混合，结果把酒窖里仅存的好酒也毁了。"嘉里诺 - 卡尼那 1934 年发表了一篇文章《储酒之道》，里面提到每年意大利生产的走味葡萄酒超过二千五百万加仑，其中醋化是最大的因素。

在蓝葛的小餐馆吃饭的时候，安杰罗常常说沙拉里放了太多醋。

"此乃这一带的传统，因为以前没有太多橄榄油，加上油又贵，但他们的醋多到用不完！"

吉多刚进酒庄时，有三个发酵专用的大酒槽。最小的容量是三千加仑，最大的八千五百加仑。那时酒窖还没有窗户，酒槽是水泥制的，直接连着墙砌，尽可能做到绝缘状态。1971 是个绝佳年份，那年的葡萄甜得不得了，发酵过程由于高温而失控。安杰罗租了一辆小巴士，专程从阿尔巴的屠宰场运了一车又一车的冰块到酒庄来。

吉多一想到这儿就不寒而栗。

"一个冰块至少有五十磅重！我们得用麻袋装着，扛在肩上运进酒窖。然后用长管子绕着冰块，让酒通过这些冰凉的管子降温。"

连名酒庄拉菲堡也碰到过高温的麻烦。尤利斯·嘉扬（Ulysse Gayon）是波尔多葡萄酒研究中心的主任，1895 那年他人刚好在。当他得知酒窖过热的情形后，建议罗斯柴尔德男爵（Baron de Rothschild）从波尔多买来冰块，扔进酒槽里。虽然酒有点稀释了，但也因此获救。但 1921 年时，拉菲堡就没这么幸运了。那年秋天天气过热，结果，酒不是酒，而是醋。因此在另一个热秋的 1928 年，酒庄以加热杀菌来防范，事先订购这个年份的波尔多酒商控告酒庄，并且要求退货。

1880 年左右，法国葡萄农在酷热的阿尔及利亚（Algeria），发明了第一套冷却系统，其实那不过是把啤酒界行之有年的系统稍加改良而已——这也是另一项葡萄酒受惠于啤酒的例子。美讯堡（La Mission Haut-Brion 也译为高必雍传教会堡）的亨利·华特纳（Henri Woltner），早在 1926 年就采用有珐琅烤漆的钢铁酒槽。但一直到六十年代初，仍然有人在那儿数落着"酒庄变成了牛奶场"（译注：牧场都用不锈钢槽储存牛奶），在侯伯王与拉图堡带领下，波尔多才逐渐采用不锈钢酒槽，进而普及到全球其他酒区。

嘉雅的新酒窖在 1973 年完工。如果温度攀高，就可以打开窗户降温。隔年安置的新发酵槽，就在窗户的下方。

虽然这些酒槽有了岁月的痕迹，跟二十六号新型酒槽比起来样式有点过时，但在老朋友眼中依然不减风华。吉多用指节轻敲着钢槽。"你听听！"在他听起来，这个仅仅三厘米厚的金属发出的声音，就像悦耳的音乐，因为这意味着容易散热。他永远不会忘记，这些酒槽是如何帮原汁散热、让他如释重负的！

"它们改变了我的生活。从 1974 年起，发酵有了崭新的局面。"

新型的不锈钢槽上有开关，可以控制温度，但吉多也不忘历史殷鉴：透过革命推翻高压政权的势力，通常也会成为下一个专制独裁者。

"许多人走火入魔，对温度控制过分严苛。我们不该让发酵绑手绑脚。"吉多说。

在二十六号酒槽对面，还有其他看似同形的不锈钢槽。但仔细一看，会发现它们比较高瘦；酒槽底部不是漏斗状而是平的。这些是酒庄的第一代温控酒槽，1983 年购入，那年酿的第一批酒，是 1979 年种的夏东内。高温对白酒的危害比红酒更甚。

"那些酒槽适合酿白酒。"吉多说道，"但二十六号这一排的酒槽是 1985

176

年买的，比较适合酿红酒，也比较容易处理酒帽。"

如何处理葡萄的固体和流体物质的关系，是酿红酒时的重要课题。果渣浮到流体上方后，如果置之不理，表面会干涸，下方二氧化碳的压力会让果渣变得更紧实。

"我丈母娘有个圆锥形的开放式酒槽。"吉多说，"有年秋天，酒帽把上面塞住了，两天过去了还不破，我们试着用棍子戳，根本纹丝不动。那个酒帽硬得跟砖头一样！"

二十六号酒槽的宽高比例较其他的大，优点是酒帽分布面广、厚度变薄，和原汁的接触面积也更大。酒槽中央的圆筒能将二氧化碳排散，以免气体压力导致酒帽过硬。

吉多笑了开来："中间那个圆洞，让酒帽看起来像个大型的甜甜圈。"

他按了一个开关，"我现在要进行淋汁（pump over）作业了。"

淋汁就是用软管抽取酒槽底部的原汁，送到酒帽上方，为了将原汁均匀洒在酒帽上，动作要越轻柔越好，吉多特别在管子上打了小孔，喷洒时会在酒槽上方旋转。

这项工作以往是体力活，先把原汁装进桶子里，然后爬到酒槽上方，再把汁液倒在酒帽上。

"想想看，那不仅辛苦，而且在装原汁的时候，负责把守输送管的人也会吸进那些二氧化碳！"

现代淋汁作业可以避免温度过高，而且让整个酒槽内的温度一致。红酒槽跟白酒槽不一样，红酒发酵槽内的温度不平均，酒帽正下方的温度可能比底部高上华氏五十度。

托斯卡纳人波拉齐（Polacci），曾率先对红酒发酵的异质性进行有系统地研究。1867 年，他用特制的小型玻璃发酵槽进行实验，这个玻璃槽和吉多的"展示型"圆筒玻璃瓶类似。他指出：发酵的主要动力来自于靠近酒帽

177

的区域，而"底部的液体则几乎停留在原汁的状态"。

淋汁也能使酒里的空气流通，让酵母菌更容易繁殖。发酵开始后，吉多一天淋两次，每次一小时，好扩展工作能力。

以前用小型、开放式的酒槽，一开始发酵后，空气流通就不成问题了，只须用棍子或其他长柄工具，定期地将酒帽往下压，导入空气。但酒庄里的大型封闭酒槽采用的是另一种系统，称之为"浸帽法"（submerged cap，或译"液下酒帽"）。在酒槽上方加上一层网状物，让酒帽在液体表面下持浸润状态，避免酒帽变得干硬。尽管如此，酒帽仍然显得很紧密，氧气无法穿透。

在好年份里，酵母菌的发酵工程总是特别艰巨：葡萄越是熟成，代表酒精度就越高。当环境变得恶劣如 1961 年，酵母则会罢工。

"不然你还想怎样？"吉多说，他总是从酵母的角度来看，"那么多的糖、大量的二氧化碳、空气又不流通，此外，当年也不时兴替酵母进补这一套。在这种情况下，酵母已经尽力而为。"

总之，淋汁法将葡萄的液体与固体物质加以混合，这道工序的作用有点像滴滤咖啡壶或滚筒洗衣机，但要温和得多。重要的是，它有助于提升萃取（extraction）效果。

"Magari！"吉多大叫道，"Magari！"这个词在英文里找不到同义词。近似的翻译是"要是这样就好了！"或"要是真的就好了！"这是吉多对大多数词典里对酒的定义——"发酵的葡萄汁"的反应。会不会是编词典的人不知道"红葡萄酒"是怎么做的？但也可能是一番好意，替那些查词典、想找出关于萃取真相的人省点事，或者只是个善意的谎言。

红酒与白酒的不同，部分原因是葡萄的不同。不管一个酿酒师多有本事，也没办法用夏东内或丽丝玲这两种白葡萄酿出红酒。但任何的红葡萄都能酿出白酒，只有一种现在十分少见的品种例外，法文称之为"染坊葡萄"（teinturiers），这种葡萄果肉是红色的，在过去常用来替色泽太浅的红酒"染色"或"增色"。像做白葡萄酒一样，只要压葡萄，不要榨葡萄，然后剔除葡萄皮和籽，只发酵果汁，那就是所谓的"发酵的葡萄汁"。

全世界最知名的白酒——香槟中，两种红葡萄：黑皮诺与墨尼耶皮诺，用得比白葡萄夏东内来得多（这是官方核准的三种葡萄）。所以，只以夏东内酿的香槟称为"白葡萄白香槟"（blanc de blancs），意即用"白葡萄"酿的"白酒"。

酿制红酒，意味着必须萃取出果皮与葡萄籽的物质，虽然许多葡萄酒作家称这个步骤为浸渍（maceration，译注：原词意为长时间浸湿使变软），但其实在液体中浸泡（infusion）这个词更贴切，因为最后要的是液体而不是固体部分，就像茶和咖啡，红酒的萃取过程是浸泡。

泡茶和泡咖啡的时候，所萃取的是溶解在液体的物质。那么，你喝的东西好坏与否便取决于原料的优劣。咖啡豆与茶叶都有不同的种类，葡萄亦然，某些品种就是比较优秀，但也看你如何萃取。

如果用没滚的水泡茶，茶叶全都会浮到茶壶表面；如果水滚得太久，茶叶则全沉到壶底。这两种情况都没办法达到最佳萃取，因为固体与液体并没有充分交流。但在水刚到沸点时，里面有许多空气，茶叶可以在水中充分流动，效果最好。

温度也会影响萃取。水温低时，萃取力也低，这就是为什么饮茶有温壶的传统。浸泡时间的长短也是关键。颜色萃取的速度要比气味来得快，这也是为什么英国品茶家总是批评美国人只会"用眼睛喝茶"，他们总是太快就把茶叶拿出来。但是让茶叶泡得太久也不好，因为过量的单宁会让茶汤变得苦涩。

咖啡的萃取也有类似的考量。咖啡的风味取决于研磨后颗粒的粗细。

179

如果你用滴滤咖啡壶，咖啡粉应该磨得越细越好，因为固体与流体接触时间非常短，如果颗粒太粗，就会因为萃取不足而口味很淡。

虽然新型的榨汁机可以减低萃取，但即使在做白酒时，有些萃取仍然不可避免。事实上，在酿上好的白酒时，让果汁与果皮作短暂接触的做法越来越普遍，目的是为了萃取更多的风味与香气。

"你不应该将白葡萄酒，和此地的圣罗伦佐特级红葡萄酒相提并论！"吉多大叫道，"他们的差别就像黑夜和白天！战争与和平！"

吉多虽不曾经历过第二次世界大战期间的空袭，但他很清楚，红色警戒意味着攻袭即将到来。在嘉雅，只有在采收内比奥罗时，才会启动红色警戒。

"这里有场如火如荼的大战！"吉多指着二十六号酒槽说，那是圣罗伦佐特级葡萄被压碎后几天的事。"这是一场单宁与花青素的大战！"

吉多该不会是在和葡萄酒战斗后太疲劳了？以内比奥罗酿酒、萃取，意味着有更多事要做！

花青素和单宁都属于酚类有机物。一颗葡萄里百分之六十五的酚类化合物在籽里，百分之二十二的在梗里，百分之十二的在葡萄皮里，果肉里只有百分之一。

如果说二氧化碳所形成的气泡，是发酵作用最明显的信号，那么原汁转红就是萃取作用的特征。红色来自于葡萄皮中的花青素，大多数的红色、紫色和蓝色花朵与蔬菜，其色素也都来自花青素，苹果、李子、樱桃和许多莓果类水果也含有花青素。葡萄需要大量日照才能制造足够的花青素，因此从酒的色泽就可以知道年份的状况。

早在史前时代，单宁就被用于鞣制兽皮。单宁酸会与兽皮表面的蛋白质结合，将动物胶原蛋白转化为防水、防腐的皮革。

在吉多酿酒备忘录里最戏剧化的一章，毫无疑问会是"如何驯服单宁"

（译注：*The Taming of the Shrew* 乃莎士比亚名剧《驯悍记》）。狮子、悍妇，甚至荒野，跟他要面对的怪物比起来根本不算什么。

"品尝单宁强悍如芭芭罗斯科的酒，如果不跟食物一起，是不公平的。"他和安杰罗总是这么说。在用餐的时候喝，油脂与其他脂肪会润滑口腔，而且单宁会与肉中的蛋白质和调味酱结合。这情形就像在茶里加牛奶，茶中的单宁就不会和口中的黏蛋白（mucoproteins）结合，而改与牛奶中的蛋白质结合，喝起来不那么苦涩。

内比奥罗含有大量的单宁，却缺乏足够的花青素。

"像今年这个年份，"吉多说道，"每升的内比奥罗，最多能够萃取五百毫克的花青素，但平均来说，通常不到这数字的一半，芭贝拉与卡本内苏维农的平均花青素含量则介于六百至七百之间，而且，内比奥罗的花青素分子结构不同：它比较不稳定、容易流失。"

吉多突然脸色一亮。"如果，内比奥罗有芭贝拉与卡本内苏维农的花青素，那一切就会改观了。"但他很快回到现实，耸耸肩说，"有些苹果就是比别的红，每个人都有特征，就是这样。"

萃取的挑战在于，要尽可能汲取颜色，但又不要过多的单宁。在单宁与花青素之争中，吉多似乎选择站在花青素这边。他的战略听起来相当简单：先取得颜色，然后在单宁接手之前撒腿快跑。

花青素可溶于水，单宁则是透过酒精萃取（泡茶的时候，执行任务的则是沸水）。因此，破皮后的四十八小时内，在酵母菌尚未开始制造酒精前，是成败最关键的时刻。

"这也是我们在刚开始时，频频淋汁的原因。"吉多道，"萃取越多的颜色越好。如果我们在有酒精时做，那么会萃取出大量单宁。二氧化硫也扮演了重要角色，因为它萃取的是颜色，而非单宁。"

吉多也针对热度进行许多实验。原汁温度愈高，里面的可溶性花青素

181

也愈多。利用新型发酵槽的控温设备，他可以在尚未有酒精前提高温度，这样就能萃取大量色素而不是单宁。但吉多对结果态度仍很谨慎。

"必须要观察温度对葡萄酒的长期影响。"他说道，"你不希望葡萄酒有股烹煮过的老味，同时也要看色泽是否稳定。"

吉多做过实验，把漏斗状发酵槽底部的葡萄籽给去除——因为葡萄籽长时间泡在酒精中，会释放出苦涩的单宁酸。他希望拿掉一部分的葡萄籽，能达到类似除梗的效果。

虽然书上总是写着，葡萄皮也含有大量单宁，但部分专家的看法是，顶级葡萄的表皮根本不含单宁。

"啊！"吉多叫道。"如果我们对葡萄里的酚类化合物有更多了解就好了：知道它们确切的位置、在酿酒过程中的萃取方式，以及结合的模式。要是我们对萃取过程的掌握，能够像苹果乳酸发酵那么确切就好了，不久以前我们还对此所知甚少！然而有一件事是确定的，酚类化合物，也就是多酚，将酿酒学推进到了新领域。"

吉多心里比任何人都清楚，这个新领域依然粗犷难驯。

几年前他在加州大学戴维斯分校时，曾与世界顶尖的多酚类专家辛格尔顿（V. E. Singleton）讨论过。

"他告诉我，顶级酒款在每升多酚含量介于一千二百到一千四百毫克之间时，尝起来最柔顺，但我们的芭芭罗斯科，多酚含量通常超过二千。有时候一款含有二千八百毫克多酚的酒体很平衡，但另一款只有一千八百毫克的却很苦涩。"

重要的不只是单宁的"量"，还有"质"。杰出酿酒学家西贝和 - 加佑（Jean Ribéreau-Gayon）曾经把单宁分为粗犷强悍和"高贵"两种。他认为两者不同之处在于：前者抗拒聚合作用（polymerization），而后者能在聚合后变得如丝绒般柔滑。

聚合物由许许多多、高达上百万个相似相连的小单位组成，每个小单位是构造简单的分子，又称为聚合物单体。葡萄酒陈年过程中，愈来愈多的单体加入联盟，透过聚合呼应"合众为一、团结就是力量"的召唤（译注：拉丁文 e pluribus unum 是美国国徽上的格言之一）。

聚合作用是葡萄酒陈年的关键，也是酒陈年之后在外观、气味以及口感上改变的原因。聚合愈强，效果愈佳。此外，越多组成分子参与聚合，葡萄酒也会变得更丰厚、复杂度也越高。

单体彼此结合后，原先的单宁不会与人类口中的黏蛋白结合，不再惹你的舌头，因此尝起来不会苦涩而显得滑顺。那些一意孤行、不肯聚合的单体照样苦涩。

到后来，有些聚合物变得愈来愈沉，与酒体分离，形成了沉淀物，其余的有可能回到强悍的原样，起码看起来就是这样。

吉多嘲笑着："前几天我去了趟阿斯蒂的研究中心，和负责研究酚类化合物的洛可·迪史蒂芬诺（Rocco di Stefano）聊天。'我们很懂单体，但对聚合物却一无所知！'他告诉我。"

吉多这辈子都在和单宁奋战，但在学校的时候，从来没学过这方面的知识。

"我们根本不研究这个。大家觉得单宁根本不是问题，每个人都以为，如果单宁多，代表的是比较能陈年。"

难道这种想法不对吗？若芭芭罗斯科的单宁含量不如以往，它的陈年情形也比较差，不是这样吗？

没人明白，为什么有些酒经过陈年就是比其他的来得好。单宁和酸度都很重要，这是当然的。如果单宁和酸度过低，酒就无法陈年，但过高也不见得是好事。

在这方面，波尔多酒得到的关注，远比芭芭罗斯科来得多，两个连续

183

年份是最好的例子：1899 至 1900 年，以及 1928 至 1929 年。这四个年份一开始都被评为绝佳，1900 与 1929 年份在年纪轻时便能饮用，但 1899 与 1928 年份则难以亲近。许多人都认为 1900 与 1929 年份的可能在时间的洪流中撑得短些，而 1899 与 1928 年份的则较经得起陈年。但专家们的看法却是恰恰相反。

吉多发酵期的战略似是反单宁主义，但必须要从更宏观的战略蓝图来看。他并不想歼灭单宁，只是不希望它喧宾夺主。他需要单宁来增添风味与结构，还有色泽。

花青素仅能在初期提供红葡萄酒的色泽。多切托新酒的颜色总是比内比奥罗的来得鲜艳，那是因为葡萄的花青素含量较高。但这样的色泽无法持久，陈年过程中，酒的颜色越来越仰赖单宁，但多切托葡萄里的单宁量极低。卡本内苏维农的花青素和单宁含量都极为丰富，这也是为什么它的排名总是很高。

"内比奥罗的颜色，视花青素与单宁缔亲后的效果而定。"吉多说，"我们必须设法保持稳定。"

从战略家转型为婚姻顾问，吉多的工作还真是千姿百态。萃取之战永远不会停，每年秋天红色警戒总会亮起，重新掀起另一场战役。吉多总是忙着舔舐酿酒伤口。尽管酿红酒和泡茶都要经过萃取，但是酒庄里的战役可不只是茶壶里的风暴！要他竖白旗投降，会让他满脸通红。当大军来袭，吉多毫无惧色，而他的英勇勋章是什么颜色，想必都知道。

在葡萄原汁中可发酵的糖分，全部转为酒精之后，发酵便告一段落。但萃取作用，则要等到酿酒师决定，何时将酒与果渣分离才算结束。在现代酿酒史里，第二个步骤所需的时间差异极大。艾米尔·培诺提到，十九世纪中期的一些文献中显示阿玛雅克堡（Château Mouton d'Armailhacq，后来的 Mouton Baronne Philippe，译注：现在改为 Château d'Armailhac）的萃取只花了五、六天，相邻的拉菲堡则持续达一个月之久。

在吉多还没接任酿酒师职位之前，卢吉·拉玛会把酒和果渣放上一个月或更久，这就是"传统"。遇到 1978 年这样的上好年份，就连吉多也想试试这种"有气魄"的酿法。吉多边说，还边作势捶胸。

"我们想表现一些东西，"他说，"我们企图从这些顶级葡萄中萃取一切。"

如今回想起来，吉多希望当初留下更多的果皮和籽，但他对 1979 年更加赞赏，虽然萃取过程只有十二天。

对今日蓝葛区大多数的酿酒师来说，萃取十二天就已足够，这也是理想的发酵天数。但还是免不了会遇到一些老人家，一面摇头一面告诉你以前是如何如何。

然而在传统之前更老的传统，又是另外一回事。范提尼曾写道："发酵通常持续八天左右。发酵完后再将葡萄酒分装到木桶里。"欧大维则强烈反对"把酒泡在果渣里二三十天"的做法，认为这样会让酒变得"苦涩、粗俗，只适合在廉价小酒馆里卖"。至于现代芭芭罗斯科酒之父卡瓦萨，拿 1905 年的作为酿酒合作社"发酵标准"的范例：发酵过程为十一天半，从 9 月 29 日上午到 10 月 9 日下午，之后立即将酒分装至木桶中。

"如果你听到过去长时间浸泡的种种传闻，"吉多说，"别忘了葡萄农还有其他庄稼要照顾。秋天他们还得割麦子，所以要等他们有空时，才会把葡萄酒从发酵槽里取出来，而且酒窖里的木桶常常不够用。于是他们干脆把葡萄酒留在槽里，直到有木桶空出来再说。"

浸泡的"长短"只是影响萃取的变因之一，但不是最重要的。

"如果以前的酒难以入口，那是因为发酵时的温度过高，还有过度地压帽（punching down，译注：将上层的酒帽往下压入原汁中）。"吉多说，"压

185

帽有助于空气流通，但也会造成萃取的单宁过量。比较一下我们的 1982 年和 1985 年的芭芭罗斯科就知道了。随着新型发酵槽问世，酒帽不再过度紧实，因此不需要再压帽了。1982 年的潜力丰厚，但单宁还是太重；1985 年则是另一种状况。"

吉多做了决定，一旦发酵完成，他就会将 1989 年份的圣罗伦佐特级葡萄酒取出。

"这样就对了。"吉多看着比重计上的数据说道。

就算是新手也看得出来，二十六号酒槽里的狂欢派对已近尾声。二氧化碳越来越少，酒帽开始下沉，温度也下降了。

借着定时追踪比重计上的数据，吉多得以掌握发酵作用的减缓与结束。糖分已经转成酒精，原汁的密度逐渐降低，变得比水更轻，所有的糖都消失了。

"实际上，葡萄酒不可能达成无糖的境界，每升里总会有一克左右的五碳糖（pentose，又称戊糖），那是酵母菌不分解的糖类。因为含量远低于感受阈，所以酒尝起来一点都不甜。"

五碳糖？形状和五角大楼一样吗？它应该多少和五有点关联吧？

"这种糖类分子由五个碳原子组成，不像葡萄糖和果糖，是由六个碳原子组成的。"就算你搞不懂这其中的差别，也不必担心，酵母菌可是清清楚楚！

取出 1989 年份的圣罗伦佐特级葡萄酒，放入桶龄二十年的斯洛文尼亚大橡木桶里。将果渣从二十六号酒槽里移出，送到和酒槽同一层的榨汁机。从果渣里再度榨出的叫做榨渣酒（press wine），以桶装酒（bulk）的方式外买出去。

"以前没有现代化的设备，就算一切顺利，也要五到十个人、忙上一整天才能完成，现在只需要两个人、一小时就能做完。在用水泥发酵槽的年代，移除果渣可是个大工程。"

如今吉多已经顶上稀疏，但从他脸上的神情，不难想象他年轻时，面对这个场面毛发直竖的模样。

"想想看！"他叫道，"最大的酒槽是八千五百升。将酒取出，移除果渣，这个时刻总让人提心吊胆。如果酒渣扎实又恰到好处，那还不难处理。但如果酒渣是一团烂的话，那就要当心了！当两吨重的东西蜂拥而出，就算有三个人守着酒槽门，也难以驾驭。每当拉玛得知，又到了除渣的时候，打前一天起他就会脸色发白、一身冷汗！"

吉多这会儿成了画家，而且是位抽象派画家！

最近墙上有好几幅作品，也许他正忙着筹办画展。一眼望去，这些画看起来都差不多，全是蓝色背景、黄色点点，但仔细瞧瞧，就会发现每幅画里的小点密集度不同：风格极端细腻！

吉多一路蹦蹦跳跳地进了实验室。

"来看看正在工作的艺术家。"他说。

他拿出一张蓝色画纸，从底部约一英寸处画一条横线，然后每隔一英寸就做个记号，接着他将一滴透明液体滴在第一个记号上，再从不同的烧杯中各取一滴红酒，滴在其他记号处；他作画的颜料是红酒！

"现在得等它干。"

滴在色谱纸上的第一滴，是含有苹果酸的溶液，其他则是新酒的样品，里面也包括圣罗伦佐特级葡萄酒。由于酸类分子的重量不同，所以在纸上流动的速度也不同，它们以黄色点呈现，从底线的排列顺序如下：酒石酸、苹果酸、乳酸和柠檬酸。第一栏的苹果酸显示酸度级数，根据其他栏上黄点的密集程度，即可得知不同样本中所含苹果酸的多寡。

吉多正在检查的是：苹果酸乳酸发酵（malolactic fermentation，缩写是 MLF）的进展。酒精发酵分解的是糖，MLF 分解的则是苹果酸。在此过程中会有三分之一的酸和二氧化碳一同蒸发，不仅是葡萄酒的总酸量会下降，酸也会产生质变。乳酸取代了刺激的苹果酸，前者的强度仅仅是后者的一半。由于 MLF 可以降低酒的酸性，因此这道程序又被称为生物降酸法（biological de-acidification）。

"至于白酒，要视情况而定，因为有些品种和酒款的风格需要更多的酸度。"吉多说，"但对红酒而言，能降低酸度的苹果酸乳酸发酵是不可或缺的。因为酸类，特别是苹果酸，和单宁会有合力，强化彼此的刺激性，但 MLF 能使酒体柔顺下来，所以让我们在喝一款单宁更多、酒体更强的葡萄酒时察觉不到。"

MLF 也带来了其他的改变：香气少了些葡萄味，而多了酒味，口感更显复杂。发酵者留下了他们新陈代谢的印记，正如酒精发酵。

"并非所有的转变都是好的。"吉多说，"柠檬酸也会跟着发酵，而产生少量的挥发酸，而且酸碱值升高后，酒的色泽也不那么鲜艳了。但整体来看，酒的品质还是获得提升。"

现在已经发酵了一个多月，但跟前一个月的喧闹沸腾比起来，现在是细火慢炖。苹果酸乳酸发酵可能在不知不觉中就开始了，因此在过去，这部分一直被视为是酒精发酵的尾声。

苹果酸乳酸发酵自然而然就会开始，但就像首次发酵一样，酿酒师也可以插手帮忙。

"不能有太多的二氧化硫，"吉多说，"这是另一个我们为何不怎么用它的原因。"事实上，在压榨完后，他就不曾添加任何二氧化硫。"还有，温度要保持在华氏六十度以上。"

葡萄酒在 10 月 4 日和酒渣分离之后，温度就不再是问题。木桶放在旧酒窖里，靠发酵槽的地方，酒槽中还有很多沸腾的葡萄酒制造着热气，加上大量用来消毒酒槽的蒸汽。到十一月初前，天气还不会变冷。吉多把葡萄酒放在木桶而不是金属桶里，因为木桶更能保温，好更长时间地保存酒精发酵所产生的热能。

在过去，波尔多与勃艮地这些酒区，苹果酸乳酸发酵常常没法儿做。因为在第一次发酵后，葡萄酒就被分装到冷冰冰的酒窖中的小木桶里。通常要等到大地春回，苹果酸乳酸发酵才启动。因此以前的农夫总是说，要等到葡萄藤的树液往上走时，葡萄酒才会再次"开工"。

吉多把心里的清单快速地过了一遍。

"此外，要确保充足的养分，"他继续说，"还有酸碱值不可低于 3.2。"

他说话的样子，不像严厉的工头，倒像个热忱的主人，希望贵客都能宾至如归。他要这项任务能迅速落实，并且滴水不漏。

"只要酒中所有的苹果酸都能发酵干净，就可以平平安安地陈年。接下来端看酒的风格，其他都不是问题。但在以前，酿酒师很难确保酒质的稳定性，所以无法高枕无忧。酒中的微生物若不稳定，就跟定时炸弹没两样。"

现在一切进展得很顺利，显然没什么好操心的。然而，酵母又在创造另一项奇观。

"酵母？"吉多不敢相信自己的耳朵。

"酵母跟这有什么关系？苹果酸乳酸发酵是由细菌负责的！"真令人难为情，也许是想到"细菌"就受不了，才会犯这种新手都不会犯的错吧。

大多数的细菌是生物界的好公民，地球上许多生命都仰赖它们才能运作。那些让人生病的病菌，也就是人类眼中的坏菌，根本没办法在葡萄酒的低酸碱值下繁殖。但从人类的观点看来，一颗老鼠屎往往就能坏了一锅汤。

细菌比酵母更渺小，可能只有半微米，甚至更小，却足以让我们的食物幡然改观。

比如说，下次你买优酪乳的时候，记得仔细看看包装上的说明。成分里可能列有保加利亚乳酸杆菌（lactobacillus bulgaricus）和嗜高温链球菌（streptococcus termophilus）。前者是杆菌，后者是球菌，代表了两种基本细菌形态，同时也和苹果酸乳酸发酵息息相关。

细菌和酵母一样，透过发酵糖类，以获取繁衍时所需的能量。在牛奶里，糖的来源是乳糖。这也是为什么有乳糖不耐症的人也能够消化优酪乳。乳酸和二氧化碳便是拆了乳糖后产生的垃圾，如同葡萄原汁自然酒精发酵过程中的酵母，MLF 由两类细菌接力完成。

球菌跑第一棒。随着乳酸增加，优酪乳的酸碱值会降低。这与葡萄酒中苹果酸乳酸发酵的情形正好相反，因为乳酸取代的不是乳糖，而是苹果酸。当环境变得过酸，球菌就会交棒给杆菌，杆菌更耐酸，它会接手继续发酵，把酸碱值降得更低。发酵完成后，因为实在太酸了，所以腐败菌无法生存，也就是为何优酪乳不会坏的原因（对很多人来说，尝起来也太酸，所以市面上的优酪乳都会加点糖）。

如今，人人都把细菌对酒的贡献视为理所当然，但在不久以前，可不是这么回事。1862 年，拿破仑三世发现"法国几乎所有的酒庄，不管背后的庄主是富是贫，酒或多或少都会有问题"。他下令巴斯特调查这个十分紧急的事件，微生物学方才诞生。

巴斯特透过显微镜观察坏了的酒的样本，发现了杆状有机体，与发酸的牛奶和坏了的啤酒中的类似：这就是后世所称的细菌——源于希腊文的"小杆子"。

根据巴斯特的二分法，酵母酿酒有功，属于良民；细菌让酒腐败，是害群之马。当时葡萄园正饱受粉孢病、霜霉病与蚜虫害的肆虐，更强化了对巴斯特原理的认同。由于研究放在对腐坏的关注上，所以注意力集中在微生物所造成的破坏，而忽略了它们的贡献。

灭菌行动于焉展开。光是提到细菌两个字，就仿佛看到女巫节前夕

（Walpurgis Night）女巫们群聚酿酒的景象，让人噩梦连连。"当心它们得寸进尺。"酿酒专家们这样警告。"千万别让它们进门，否则很快就会在你的酒窖里开起魔宴！"细菌之盒比潘朵拉的更糟糕，永远别打开它！

细菌得以沉冤昭雪，是经过许多有力人士的长期奔走，其中为首的是罗伯特·科霍（Robert Koch）。科霍观察到：酒的沉淀物里有细菌时，酒的酸度会大幅降低。在原汁与葡萄酒中的细菌，会积极地分解苹果酸。"他们不应该被归类为导致腐坏的败类。"科霍这么写道，"这类细菌是益菌，在酒质改良方面，他们有功。"

尤利斯·嘉扬 1895 年造访拉菲堡时，曾建议酒庄用冰块来减缓失控的发酵过程，因此救了葡萄酒。他还推翻巴斯特认为酵母是葡萄酒诞生中唯一在场的微生物的论点。嘉扬观察到，在发酵开始不久后，酒槽里就会出现细菌。这项发现推翻了某些人的错误观念，以为只有低级酒窖里的才会滋生细菌，事实上就连贵族般的拉菲堡，酒窖也并非无菌无瑕！

早在 1914 年，在离芭芭罗斯科不远的阿斯蒂研究中心，调查 MLF 现象的一位先驱嘉里诺 - 卡尼那就指出，在他所检验的皮埃蒙特葡萄酒中，苹果酸乳酸发酵都会自然发生（二氧化硫在当时还不普遍）。1943 年，他重拾这个研究主题，指出" 能左右葡萄酒自然演化的 MLF，在意大利的酿酒学中并未获得应有的关注"，可惜这个主张只是蛮荒酿酒世界里的哭声，无人闻问。

"我到这里工作之后，检查 MLF 成了最重要的事情之一。"吉多说。但这么做的动力，并非来自学校所学。

"那时 MLF 根本不受重视。"他回忆，"大家都认为反正酒在木桶中的这三四年里早晚会发生，至于何时开始、如何进行，根本没人在乎。"

他的眼神变得很顽皮。

"负责这件事的是这些细菌，不是那些老师。细菌对于自己的工作环境很在意！结果往往很糟糕。你还记得那些酒标上面的建议吗？提醒一瓶芭芭罗斯科或巴罗洛的酒在开瓶后，先放上几个小时，甚至一整天后再喝。没错！在以前，百分之九十五的恶臭，都来自苹果酸乳酸发酵的不完全，装瓶后储存地的温度升高导致再度发酵。想想看，这些细菌必须在什么样的状态下工作！"

吉多脸上的震惊，就像在英国工业革命时，知道工厂里的工作状况所会有的那种表情。那对苹果酸乳酸菌来说，确实很难熬。

"想想看，过去在装瓶时，拼命添加的二氧化硫，以及营养不良。此外，二氧化碳让葡萄酒变得混浊、带气。陈年红酒里居然有气泡，还有什么能比这更糟的？高单宁、高酸度——还有大量的挥发酸，再加上二氧化碳，让情况变本加厉。"

吉多让上面这番话的冲击沉淀下来，然后才揭露最后一项可怕的事。

"最糟糕的莫过于，大多数人把这些当做葡萄酒的一部分，而且认为理所当然！他们觉得那些怪味没什么，葡萄酒闻起来就是这样！"

吉多在1970年去了趟勃艮地，在那里，他得到MLF的启蒙。在知名酒庄庄主乔瑟夫·杜宛（Joseph Drouhin）的酒窖里，吉多不仅见识到他们对MLF的重视——"La malo"，这是当地的说法，重音在后一个音节——他也在这里第一次看到用来检视发酵进展的色谱纸。

"那就是我的画纸。"他朝最新的实验点着头。

吉多翻译了培诺有关这个主题的文章，然后把他先前买的色谱纸拿来测试1970年的葡萄酒。

"隔年春天，我在阿尔巴葡萄酒学校读书时的校长来看我。"吉多说到这时，眼里闪着喜悦的光芒。"我把色谱纸拿给他看，他惊讶得不得了。校长以前从来没听过这玩意儿！于是他马上替学校订了一批。"

几年之后，也就是1974年，安杰罗在酒窖里安装了一套暖气设备，好让苹果酸乳酸发酵进行得更顺利。秋天气温变低时就打开暖气加温，要把大木桶中的酒升高到所需的温度，需要很长的时间。

"你该看看安杰罗的父亲！"吉多说，"他在酒窖里不断地巡视，确保所有的门窗紧闭。他向冷风宣战，决心消灭它们！"

那刚好是通货膨胀的年代，燃油的价格节节高升。

MLF就这么被接纳了。巴斯特没能把苹果酸乳酸菌与使酒腐坏的细菌分清楚。前者几乎只会发酵苹果酸；后者会发酵酒石酸之类的物质，结果就会像巴斯特说的变质（tourne）：颜色黯淡、挥发酸增高。这些"坏"细菌也可能会发酵甘油（glycerol），除了制造大量挥发酸之外，还会产生丙烯醛（acrolein）。

尽管如此，这样的分类还是太笼统了。苹果酸乳酸菌的行为，证明了某些社会学派的理论——环境也会成为犯罪动机，好人也会被逼上梁山，因为处处有诱惑，如果安检马虎、如果酸碱值有些高……

没有菌种是完美的，但有一种出类拔萃、领先群雄的，那就是酒明串珠菌（Leuconostoc oinos，Oinos 是希腊文中的"酒"，所有以 eno- 为字首的词汇也源自于此）。

它对 MLF 的重要性，就像酿酒酵母之于酒精发酵。和其他菌种相比，它在大自然中不多见，但当 pH 低于 3.5 时便很常见，因为它对酒精的耐力特别高，因此，在第一次的酒精发酵后，酒明串珠菌往往是唯一的幸存者。

酸碱值具有双重的筛选力，它不但决定了哪些菌种可以在酒中存活，也决定了它们可以发酵什么东西。对酒明串珠菌来说，酒中仍有残糖是唯一会让它觉得有些棘手的，尽管如此，如果 pH 低，它依然会专注在苹果酸乳酸发酵上；反之，如果 pH 高，它就会转而发酵糖，然后在代谢过程制造许多混乱。

这是 MLF 自相矛盾的地方。葡萄酒中的酸度越高，这个过程就越不容

194

易开始。但 MLF 进行得越完全——细菌都乖乖地跟着 MLF 的规则走，那么对酒的风味影响也更大。好的红葡萄酒酸度要低，但酸度低的酒却容易遭到细菌攻击。

在 MLF 过程中，当 pH 升高，其他菌种可能会趁虚而入。另外两种菌属——嗜酸乳杆菌（Lactobacillus）与小球菌（Pediococcus）——在酒中代谢后的产物也可能有害。小球菌会制造组胺（histamine）和大量的双乙酰（diacetyl）。双乙酰这种化合物，是奶油香味的来源，因此也被添加在乳玛琳（人造奶油）里。其他细菌也会制造少量的双乙酰，通常百万分之二是可以接受的程度。如果说，夏东内闻起来不像葡萄酒，而比较像涂了奶油的面包时，便可以确定是小球菌在作怪；此外，酒中的"臭袜子味"也是这个菌属的注册商标。若葡萄酒有"土味"或者"尘味"，通常是因为嗜酸乳杆菌曾到此一游。

比起酒精发酵，MLF 过程更像是悬疑推理小说。杯中所闻的与所尝的，有部分会受细菌左右。至于是哪些细菌？优酪乳的包装有时可能会揭露谜团，但从酒标上可看不出端倪。

1989 年的圣罗伦佐一开始的 pH 非常低（2.99），所以要启动 MLF 十分困难。

"不过，酵母也会发酵部分的苹果酸。"吉多说，"等酒精发酵结束，百分之三十的苹果酸也消失了，此时的 pH 接近 3.20。"

酵母虽然可以发酵苹果酸，却无法将之转换成乳酸，但只要情形不严重，苹果酸的减量还是有助于 MLF 的。不过，酿酒酵母菌发酵苹果酸的能力，在不同菌种之间的差异很大。

酒精发酵结束后，吉多就一直定时检验葡萄酒。MLF 进行时，"画作"上的苹果酸密度会逐渐降低，当苹果酸完全消失，或者停在很低的程度时，就表示发酵已经结束。

他检视着最新画作。他所找的酸在第二栏，底线数来第二道的黄点已经消失了，而第三道黄点则比前一张纸上来得更密集。苹果酸已亡，乳酸万岁！

但吉多依然不敢有丝毫懈怠。

"想想看，许多细菌现在失业了，还饥肠辘辘！它们走投无路时，什么都做得出来，可能会失控，攻击葡萄酒中其他的物质。"

他接下来会把酒移到温度更低的地方，如果还有细菌没被甩掉，也没办法作怪了。现在糖和苹果酸都被发酵完了，这颗定时炸弹给拆除了，但只有他的手下在季末全体退场后，吉多才能真正地松一口气。

圣罗伦佐特级葡萄酒从大木桶中流出，透过管子被运送到环氧钢槽里。

这是酒精发酵后，吉多二度将酒导出。10月20日那天，他将酒和酒渣分离，酒渣占总体积的百分之五，里头有失去活性的酵母菌、染色物、葡萄籽等等。

"酒的生物性稳定了，但也需要得到化学性的稳定。"吉多说道。

他要设法降温，好让酒石酸盐沉淀。如果它没有在酒窖的大酒槽里沉淀，那么可能会在酒瓶里。它们虽然无损酒质，但会让许多顾客望之却步。

葡萄酒被移到钢槽里，因为钢槽的绝缘效果不但比不上大型水泥槽，也比木桶来得差。因此在密闭的酒窖里，存放在木桶中的酒温度降不下来，那么酒石酸盐也无法沉淀。

吉多打开窗户，好降低酒窖内的温度。

"二十多年前我们这样做的时候，人们议论纷纷。"吉多回忆，"大家说酒还在发酵，但我们很清楚，苹果酸乳酸发酵已经完成了。"

在此时无暴力也非常重要。

"这个过程进行得越慢越好，而且冷要冷得恰到好处。从圣诞节到一月底，温度大概在零下一两度之间，那很完美。如果温度太低，那些让口感丰富、赋予葡萄酒特质的东西也会流失,反而弄巧成拙。"

吉多为人虽然慷慨,但在对待葡萄酒的时候,却十分谨慎,不让葡萄酒中的好东西轻易外流。

在酒之巅
The Vines of San Lorenzo

1990年2月19日

"又该动身了。"吉多说。1989年份的圣罗伦佐特级葡萄酒，离开了发酵层，送往最下层的酒窖，分装进小木桶里。

当酒槽空出来，吉多打开一扇像舷窗的小门。

"看看这个！"他叫道。把手伸进去，就会摸到覆盖在酒槽四壁的结晶体，厚度约有零点四寸，底部的结晶更厚。

"那就是酒石酸盐结晶。"他说，"在装瓶前，葡萄酒老是掉东掉西，我们要跟在它后面收拾残局。"

有时候，这位助产士听起来像个家庭主妇！

往楼下三层，这会儿，葡萄酒在更舒适的角落里待着。

1989 年的时候，如果你从酒庄庭院尽头的栏杆往下望，看到的会是个工地。左边有绿色的起重机、鹰架、一袋袋的水泥，大部分的地方则堆着木材。如果眼力好的话可能会发现在右边、离起重机最远的地方，那里的木头和其他的不一样，除了堆放得井井有条，那些木条小得多，而且长度都一样，颜色从浅粉红、奶油色到暗灰色都有。

现在工地没了，但木材堆还在。那些是粗劈的木条，是用来做小木桶的，木桶大小与波尔多型（法文为 barriques）和勃艮地型（法文为 pièces）的差不多。

这类的储酒器早在公元纪年之前就有了。阿尔卑斯山一带的凯尔特族人发明了制桶术。到了公元三世纪，高卢人开始供应罗马木桶，它们取代了传统笨重而且易碎的运酒容器陶土罐。我们可以从法国亚维侬（Avignon）的卡维博物馆（Calvet Museum）的浮雕上，瞥见那时的情景。奴隶们在隆河（Rhône River）拖着一艘平底船逆流而上，船上有两个木桶，还有一整排的陶罐。

不像不锈钢槽和穿着实验白袍的科学家，在我们对葡萄酒的印象里，木桶是其中的一部分。细心的游客在欣赏罗马的图拉真柱（Trajan's

Column）时，会看到一艘载有三个木桶的船；在夏朵大教堂（Chartres）的彩绘玻璃上，有幅图描绘了桶匠制作橡木桶的过程；佛罗伦萨的圣母百花大教堂有个乔托（Giotto）与安第亚·比萨诺（Andrea Pisano）的浮雕作品，描绘着诺亚（Noah）醉倒在橡木酒桶旁的情景。

有点反讽的是，当木桶不再是唯一的盛酒器，发酵与储存已由不锈钢槽取代，运送由玻璃瓶担任的时候，全世界的爱酒人反倒越来越重视橡木桶所扮演的角色。加州不仅让大家注意到品种的重要性，也再度唤起众人对橡木桶的重视。索诺玛谷的汉泽尔酒庄（Hanzell Winery），为了重现勃艮地的经典，庄主詹姆斯·泽尔巴克（James D. Zellerbach）及酿酒师布莱弗·韦伯（Bradford Webb），向夜圣乔治（Nuits-St.Georges）的一家桶厂依芙斯湖葛（Yves Sirugue）订制木桶。汉泽尔所酿制的1957年夏东内艳惊四座，它比过去任何的加州酒尝起来更像勃艮地，于是酒庄们群起效尤。

喜爱好酒的美国消费者对这款酒一见钟情，大家对这种木质香气大为倾倒。许多美国人甚至以为夏东内，甚至卡本内就该有橡木味，世界各地的酿酒师纷纷起而迎合。容器开始与内在匹敌起来，全球的橡木热就这么开始了。

"如果你想要的只是橡木味，干脆倒点橡木屑到酒里好了。"吉多一面检查橡木桶，一面气呼呼地说，"根本犯不着在 baric 上下功夫。"

Baric 是意大利文对法文 barrique（波尔多型小木桶）的缩写。吉多觉得既生气又好笑。

"你看！"他说，"这些小木桶要比大木桶麻烦得多，而且价钱贵、酒又容易蒸发，根本划不来。"小木桶的主要功能并非为酒增添新桶味，但在激烈的橡木桶之争中，人们往往忘了这点。

这波新桶浪潮在八十年代初期席卷意大利，越来越多的酒庄受到诱惑，

203

橡木崇拜就这么登场了。有些信徒真心相信，小木桶可以让平凡的酒变得不凡。但是也有不少神棍，把橡木当成了迈达斯（Midas），冀望靠它点石成金。你的酒不够好吗？装进新木桶就成了！酒糟得不得了？别担心，老兄，用它来丰满你的酒！橡木桶不就是用来粉饰平庸的，不然要它做什么？

但这波浪潮并非不战而胜。部分人士迅速拉起了反木桶的阵线，同声谴责。捍卫者诅咒着新偶像、挞伐离经叛道的"木匠酒"。他们派出军队、挖筑战壕、捍卫传统。当敌人高喊"橡木万岁！"时，他们回喊："胡说！打倒橡木桶！"

口味这事可不是亘古不变的。古时候，为了掩盖因为腐败而产生的怪味，在酒里混合一些舶来品调味的做法很普遍，有些地方甚至以这些调味品闻名。老普林尼在公元前一世纪所写的《自然史》（*Natural History*）一书中，就记载着塞浦路斯（Cyprus）出产的松香最好、卡拉布里亚（Calabria）出产的焦油最细致。尽管意大利发明的苦艾酒本身就是种调味酒，但新橡木对意大利人而言是种新口味。有些意大利人极力反对在葡萄酒里添加橡木，就像英国人一度非常抗拒把啤酒花这种"外来物"加在传统的麦芽啤酒里。过去啤酒花只用在欧陆生产的啤酒里，1484 年伦敦市甚至通过一项法令，禁止在麦芽啤酒内添加。直到十八世纪初，在麦芽啤酒添加啤酒花才稀松平常，而且就跟啤酒一样普遍。

反对小木桶的人习惯采用 botte，也就是大木桶（barrel 或 cask，这两个是同义词）。1989 年的圣罗伦佐特级葡萄酒做 MLF 时，用的就是大木桶。吉多刚开始到酒庄工作时，所有的酒都放在大桶中陈年，它乃以七寸厚的木板组成，容量可达数千加仑。

"已经用了几十年了，"吉多说，"也修理过很多次。从前没有蒸汽消毒技术，这些木桶很难保持清洁，唯一的要求就是：保持中性、不漏。这些木桶在头几年只会用来酿次级酒，这样才不会让新木头的味道影响到特级酒。"

小木桶的木条不到大木桶的一半厚，容量也只有六十加仑。"基于技术上的原因。"吉多说。

盛装的容器必然会影响到葡萄酒，就连不锈钢槽也不例外，因为容器决定了酒与氧气之间的关系。

"就像外交上的折冲尊俎、知所进退。"吉多说，"葡萄酒面前有两条路可走：一条是还原，另一条是氧化。"

听的人一头雾水，还来不及提问，吉多就抢先回答了。

"缺氧时产生还原，有氧时则会氧化。"他解释，"你必须在两者之间取得平衡。任何的极端都对葡萄酒无益。如果发生还原，就会出现芭芭罗斯科与巴罗洛有名的焦油味；另一方面，氧化作用会让酒走味、泛黄（maderization，又称马德拉化，指葡萄酒因为氧化而变为褐色）。无论氧气太多或太少，结果殊途同归：那就是葡萄酒变得干涩。在两者间有个平衡点，酒体才会柔顺，让氧化速度放慢是关键。小木桶的木片较薄，与酒的接触面积比也更大，因此在控制氧气的剂量方面更好。我们的大木桶不亚于铜墙铁壁，这也是为什么过去的芭芭罗斯科，酒总是不够柔顺。"

吉多顿了一下，顺顺自己的呼吸。因为他话越说越快，现在他需要的氧气比葡萄酒还多！

"你当然不能随随便便把老酒放在新的小木桶里。如果酒的结构不够好、没个性的话，很容易就被橡木味和氧气压倒。"

吉多对橡木的态度，不像同行那么盲目崇拜，但他依然乐于用小橡木桶酿酒。唯有透过橡木桶，他长久以来企盼的美满姻缘才有可能发生。

"单宁与花青素间的百年好合。"吉多说，"这是让内比奥罗色泽稳定的关键，小木桶让他们的关系更如胶似漆。"

要让酒中的杂质加速沉淀，小木桶也是理想的容器。不像在大容器里，这些悬浮微粒要长途跋涉才会沉到底部。由于小木桶与酒接触的面积比，远远高于大木桶，因此从木头中所萃取的香气、味道乃至于其他物质，也远胜于大木桶。

"而且小木桶越新，释出的物质也越多。"吉多说，"第一年，小木桶会释放高达三分之二的可萃取物质，第二年降到四分之一，到第三年就所剩不多了。"

吉多的脸庞发亮。

"但是新的小木桶，所能带来的香气与感官体验真是丰富！"

吉多不希望木桶与葡萄酒的交流"过犹不及"，因此 1989 年的圣罗伦佐，用的是四成新桶和六成一年左右的旧桶，他认为这样的比例最适合内比奥罗。

说到橡木桶之争，到今天依然烟硝不断。许多人陷入意识形态之争，但吉多是个务实主义者。

"非黑即白的二分法无济于事。"他说道，"所有的评断都必须先经过品尝，而且因酒而异。木头味可能是另一种强加于酒的暴力，但就和其他有助于改善风味的调味概念一样，只要木头味能够和谐地与酒交融，而不是喧宾夺主，抢走葡萄酒本身的焦点。"

新橡木可能会毁了葡萄酒，但只要比例对了，也有烘托效果。

"就像化妆和服装。"吉多说道，"他们可以烘托天生丽质，却无法化腐朽为神奇。"

很多时候，吉多甚至觉得流于抽象的橡木之争很有趣。

"嘿，你知道的。我们有些人已经试验比较过。在八十年代初、争端开始前的十多年，我们早实验过了！"

六十年代末，安杰罗希望找到让他的芭芭罗斯科在陈年里，不仅能够保存更多的果味与色泽，而且还能让酒变得更细致的方法。

奇怪的是，意大利文跟英文一样，都说"陈年"葡萄酒。意大利文的用词是变老（invecchiare）。人人都想快快长大，但有谁希望变老？法国人总是最懂得语言的艺术，至少在谈论葡萄酒这个主题时，此言不虚。"养酒"（élever），法文是这么说的。法国人不会让他们的酒变老，而是把酒抚养长大，就像抚养孩子一样。

安杰罗大笑起来。

"但在过去，用 invecchiare（变老）来形容大部分的芭芭罗斯科酒，可能挺贴切的，"他说道，"因为酒的确失去了色泽、果味，渐变干枯，只剩下单宁和艰涩的口感。芭芭罗斯科还没有熟成就先衰老了。"

安杰罗重新读着加罗里奥（Garoglio）写的教科书，却找不到答案。这位知名酿酒学家在厚达一千五百页的书里，只有一段提到橡木桶，而且说了等于没说，他只不过复述那个年代意大利人的标准做法——遵循传统：用来陈酿好酒的最佳容器是木制的，最佳的木材是橡木，上等的橡木产自南斯拉夫（Yugoslavia）的斯洛文尼亚（Slovenia）与克罗地亚（Croatia），而且应该用大木桶，旧的更好。加罗里奥只有在提到干邑（Cognac）时，顺便提了一下法国橡木。至于六十加仑装的小橡木桶，只是用来运输的容器。

欧大维对橡木桶的探讨极为详尽、具有世界性，且无人能出其右。

"光是拥有好品种，懂得酿酒是不够的。"欧大维写道，"你还要懂得选择最适合的木桶，这是酒窖里最重要的设备。"意大利人总认为波尔多的葡萄酒，是国际市场上销售最成功的葡萄酒，那就"让我们学学人家怎么陈酿葡萄酒的"。

欧大维指出，虽然木条的选材似乎无足轻重，"但这点其实至关重要。"意大利用的木条厚约两寸半到三寸，甚至更厚，"简直就像木条越厚，品质越好似的"。但在波尔多，标准厚度是一寸。"六十加仑装、薄木条、未被酒石酸盐和其他沉淀物覆盖的新木条，酒才能透过木头的气孔，进行缓慢地氧化过程。"

欧大维还探讨了不同种类的木材，适合制桶的只有三种，分别是橡木、野生栗木，以及刺槐（acacia），其中又以橡木为首选。

"但并非所有橡木皆优。"欧大维特别叮咛："最佳橡木是 Quercus pedunculata，而且仅限于某些特定土壤与气候下生长的。"

安杰罗没读过欧大维的著作，但他曾造访波尔多与勃艮地两地。1969年，他从梅多克酒区的知名酒庄买了一批二手木桶。

"他们狠狠地敲了我一笔竹杠。"他说，"我应该是两年的旧桶，但实际上那些桶至少已经十五年了。可那时我一窍不通。"

木桶历险记于此展开。吉多进酒庄的时候，安杰罗已经火力全开、凡事都要追根究底，几乎没有一块木条没被检查过，他们千方百计从法国和意大利的制桶厂订购各式各样的木材。桃木，"闻起来真的有桃子味！"事隔多年，吉多似乎依然惊诧不已；榉木，"酒尝起来像锯木屑。"安杰罗皱着脸，作势要吐酒，樱桃木，"不予置评！"两人异口同声道；橡木是唯一选择。

他们想到一个主意：用加压蒸汽让木材味不那么刺鼻，并调整蒸汽处理时间的长短，看哪个效果最好。

当罗伯特·蒙大维听到他们的实验时，简直不敢相信自己的耳朵。那些意大利人居然想方设法要去除美国酒客趋之若鹜的风味！

他们想去除的不只是味道，还有木材中的单宁。光是想到新橡木桶的单宁和内比奥罗的同时上场，就让他们心生恐惧。谁敢对抗这两批单宁大军？"只能一个一个来"他们说。

安杰罗笑了起来。

"我们蒸木桶的时候，水的颜色都变黄了。那是棓酸（gallic acid，又称没食子酸），也就是单宁出来了。"

208　　他们也向知名的法国木桶厂与酒庄请教。某次，在法国素有"味蕾教皇"

美誉的贾克·普伊赛（Jacques Puisais）到酒庄来。安杰罗和吉多对他印象深刻。"他可以花上半小时谈一杯白开水，还让你听得津津有味。"吉多说。然而，当问到酒在小橡木桶内陈年的具体细节时，普伊赛总是谈笑自若地回答："这，你得去问问酒。"

吉多复述"这，你得去问问酒"这句话时，脸庞因为莞尔而发亮。"我以为他捉弄我。过了好久我才明白，他说得对。"

每款酒都不一样，芭芭罗斯科更是与众不同。长年累积的经验是唯一的指南。

"啊，经验！"安杰罗叫道，"我们买进一些据说单宁较少的木头，但一点也不喜欢那味道。我们缺乏品尝新橡木桶中新酒的经验。"

问题接踵而来。

有些大木桶会漏，漏的酒把铁箍给弄锈了，以前的铁箍不像现在都先经过镀锌处理。

"有天我正要去酒窖的时候，忽然听到爆炸声，"吉多说，"我赶紧冲下楼。有些铁箍爆开了，酒流得到处都是！"

他对这些木桶嗤之以鼻。

"这些大木桶是用锯木做的。"他神秘兮兮地说。

另外还有桶塞的问题。

酒窖里所有的木桶都是平躺着，并让桶孔在侧面——吉多用法文"Bonde à côté"来描述。"陈年的过程中，许多酒会蒸发掉。如果桶孔朝上，那么正下方就会有空气，因为桶塞很难完全密封，如此一来，过多的氧气会进入葡萄酒。"

他用手指抚过一个桶口："这个地方很难处理，它根本就是细菌的温床。"

细菌总是让人忧心忡忡。吉多显得有些恍神，但很快又回到话题上。

"因为我们还没找到合用的桶塞，所以第一年不能侧放。当桶孔朝上

（bonde dessus），要操心的事就更多了。我们要不停地往木桶里添酒，不让空气有机会入侵。我曾让库内奥附近村子里的木匠，替我们做了一些木制桶塞。虽然还可以，但没办法像矽胶塞那么密合，所以我们已经改用矽胶塞好一段时间了。"

吉多环顾四周，这些木桶历史悠久，每个木桶上面都盖有桶厂的印章。一排排看下去，你会发现较旧的木桶上印的是法文，但新桶上最常出现的是意大利文：甘霸（Gamba）。

"直到十年前，甘霸不过是众多桶厂中的一家。"安杰罗一面说，一面驶离了大马路。

在意大利，执牛耳的制桶厂是位于维纳图区（Veneto）科内利安诺的嘉贝罗托（Garbellotto），嘉雅所有的大木桶都是那儿来的。波顿·安德生（Burton Anderson）在《意大利名庄名酒》（Vino）一书里，写到嘉贝罗托出品的木桶曾有"橡木桶界的劳斯莱斯（Rolls-Royce）"之美誉。然而在七十年代末，舍弃传统大橡木桶，改用不锈钢槽的趋势非常明显，安德生在书中称此为"意大利反大木桶运动"。嘉贝罗托当时并未加入刚刚兴起的小橡木桶潮流。

"他已经听说法国制桶厂所面临的危机，"安杰罗说，"但他认为最大的挑战来自不锈钢槽，木材的价格会节节升高。嘉贝罗托没有预见到特级葡萄酒会大受欢迎。因为桶厂所在的维纳图，大多生产廉价酒款，只能趁新鲜喝，根本不适合放在小橡木桶里陈年。而且长久以来，嘉贝罗托只和斯洛文尼亚的木条商合作，因此与那些需要法国橡木的酒庄们渐行渐远。"

嘉雅在一栋建筑前面停车，门两旁都堆满了木条。"甘霸意识到要改朝换代了。"他说。

210 这间"获奖无数的安杰罗甘霸木桶厂"位于阿斯蒂以北几里处，一个平凡无奇的小镇阿尔费罗堡（Castell'Alfero）。尤金尼欧·甘霸（Eugenio Gamba）到门口来接安杰罗进厂。

甘霸四十多岁，看起来睡眼惺忪，但工厂非常嘈杂，估计想打个盹也不容易。当他谈到"甘霸家族六代相传"的制桶事业时，显得颇为自傲。的确，甘霸桶厂早在 1809 年就已成立，但出了当地根本默默无闻，直到一个半世纪之后才打开知名度，转捩点就在七十年代中期。

"有一天，有个家伙从勃艮地的玛孔（Mǎcon）来。"甘霸说，"他是一家公司的老板，专卖酿酒设备，他来这里替客户打听大木桶的事。当地的制桶厂在这方面没什么经验。几年后，他再度回访，还带了三个客户。他们打算买木桶，但坚持要用法国橡木。"

在那之前，甘霸跟同业一样，只用南斯拉夫的橡木。

"那时候，我还以为这些法国佬只是太爱国了。"他眨了眨眼道，"你也知道法国人是怎么样的。"

甘霸跑了趟法国，想找个木材供应商。有一天，他拜访博恩（Beaune）附近专门做桶厂机具的公司，在那里遇到了一位知名的法国同业，对方同意卖给他一批木条。

"他彻头彻尾地骗了我，"甘霸说到这里抿紧着嘴，"那些全是锯木块。"

一个稍微有点常识的人，而且还是个成人，居然不知道劈木条与锯木条之间的区别，这让甘霸简直难以置信。他走到外面去，回来时手里拿着两块板。

"摸摸看锯木板。"他说道。用手摸着锯木表面，会觉得十分光滑。"现在试试这块。"他说着拿起另一块劈木板。这块的表面就粗糙得多。

"但如果你透过显微镜看，劈木的表面看起来是光滑的，锯木表面反而毛毛的。"甘霸说，"那是因为劈木法可以让木材的纤维保持完好无缺，锯木法却办不到。这就是两者之间的差别，也是为什么劈木的韧度比较好。"

甘霸停了停，好让大家把他的话听进去。关于劈木与锯木之间，还有许多的秘密没说。

"还有维管束，也就是细胞的长链，从树芯呈放射状往外生长。橡树的维管束特别粗，因此木质也更有弹性。在劈木板上，维管束与木条的宽面平行，形成一道阻止葡萄酒渗透的屏障，如果维管束与木条垂直，很可能会导致葡萄酒渗漏。"

木材的秘密可真不少！就连锯木板之间也有差别。

"一种是将原木用楔子分成四块，然后依放射状锯开，不破坏维管束；另一种锯法……"甘霸面露不屑，好像光提到这种锯法就令他作呕。

"另一种是不管三七二十一直接锯。"

他的鄙夷之情溢于言表。任何一位只要还有良心的木桶匠，都知道没有比这更等而下之的做法了。

这笔货的经验，让甘霸了解到和法国人做生意没那么容易，但他找对了方向。第一批要法国橡木小桶的订单很快就上门，客户中也不乏皮埃蒙特的顶尖酒庄，像是杰卡莫·波龙尼（Giacomo Bologna）在 1979 年成为客户，隔年的是皮欧·凯撒（Pio Cesare）。吉雅科莫·塔基斯（Giacomo Tachis）不仅是天娜（Tignanello）的创始人，也是意大利最负盛名的酿酒师，他也向甘霸订橡木桶，而且指定要法国中部特定地区的橡木。

甘霸下定决心要找到稳定的橡木条货源（法文叫做 merrain）。从七十年代末期开始，他经常前往法国。一开始用他"初中程度的法文单词"，挨村挨镇地去打听劈木厂（fendeurs），他的供应商名单慢慢地变长了。到了1983 年，他开始用"道地劈木法，和经适当风干的木材"来制作第一批橡木桶。当小橡木桶从涓涓细流发展成汹涌浪潮时，甘霸已经有了万全准备。

"好玩的是，我刚开始用法国橡木的时候，人们觉得我是怪胎，现在这已经成了主流，我做的小橡木桶数量也接近一年三千个。"

“我记得，在八十年代初，甘霸和我们做过几次生意。”安杰罗说，“我们订了一些小橡木桶，起先不如预期的好，再三盯着他之后，到1986年，我们才下了第一笔大订单。”

看着木桶厂地上那些粗劈的橡木条，很难想象它们如何能成为嘉雅酒窖里的宝贝。

甘霸微微一笑：“小木桶要比大木桶来得容易，木桶体积越大，就越难制作。”

甘霸将约一码长的橡木条裁切为九十一厘米的长度，波尔多橡木桶是九十六厘米，勃艮地的则为八十八厘米。

“那是塔基斯要的长度。”他说，“从那以后，我都按照这个规格。”

因此，甘霸的小木桶介于两款经典木桶之间——桶身比勃艮地的来得修长，但中央比波尔多的来得鼓。甘霸摸了摸自己的作品，眨了眨眼：“这呈现了意式优雅，比其他那两种都来得棒。”

橡木条的两端略尖，所以往内弯时，两端才会密合。轻轻地把内侧刨成弧形，之后再打磨表面。

工人熟练地将橡木条竖在铁圈之内，将二十八片宽窄不同的桶板交互排列成一个圆桶。

“可能会多一片，也可能少一片。”他说。

接着把三个“临时”的铁箍套上，滚往主厂房，然后以文火烘烤。经过缓慢而均匀的加热后，更容易弯曲木条。切记火不可太大，否则会裂开。

火里的燃料是橡木块和碎片。

“这能走捷径、作弊的。”甘霸摆出一副心知肚明的表情，“勃艮地至少有家制桶厂，是用瓦斯炉来烤弯橡木条的。”

几分钟后移往火势更旺的区域，两个负责的工人，被烤得汗如雨下。其中一人负责将钢缆绑在没上箍的一端。在木头热了以后，另一个工人慢慢地把钢缆越弯越紧、将木条拉得更近，等所有的木条都紧合后，再加上四个临时铁箍，然后把钢缆抽掉。

橡木桶就这样成型了，桶身中段会比较胖；待冷却下来后，弯曲的弧度也定型了。

热源不但能让木头容易弯曲，同时也会影响木材中的化学物质，决定能赋予葡萄酒何种香气。第三次火烤就是针对桶内的烘烤。

"三分、五分，还是全熟？"甘霸等着顾客下单点菜。"如果客户希望重烘培，我们会把整个木桶封住几分钟。"烘烤的程度非常重要，就拿香草味来说，那是酒经过新桶养酿会有的味道。介于中度与重度烘烤之间的香草味最浓，之后递减。

"橡木桶最好或起码要有个中度烘培。"甘霸说道，"如果太轻，可经不起酒窖里的潮湿以及温度的剧烈改变，木桶极可能从桶孔处裂开。"

橡木桶被滚往厂房的另一区，在那儿取下临时铁箍，换上永久的镀锌铁箍。顶盖是由七片木板组成的，以无头钉密合，在车床上锯成圆形，嵌入橡木桶两端的沟槽，又叫桶顶槽。沟槽中会塞入灯心草使桶盖密闭压合，接着以四百个大气压加压测试，确保密封不渗漏，再以砂纸刨光，最后以液压式箍桶机来固定铁箍。

"我不知道老式制桶厂，没有这些机器要怎么弄。"甘霸说，"除非那些人比我还要孔武有力！"

木条变为橡木桶的大改造完工了，访客们的赞美让甘霸眉开眼笑。

"我们只是踏踏实实的工人，不是变魔术的。"他说，"木桶的品质还是取决于橡木条的优劣。"

挂着库内奥车牌的深蓝色宝马，驶进了欧洲最高峰——白朗峰的隧道。

"谈到木材，酒庄们的第一手资讯实在太少了。"

虽然在隧道里不得不放慢速度，但安杰罗脑袋里的想法依旧转得飞快。

"如果不能确定木材的来源、风干的方式，那我们的实验有什么意义，又能得到什么结论？"

经过二十年的试验，安杰罗的结论是：影响橡木桶品质的因素林林总总，但最重要的是风干。在进入制桶的铁箍圈子之前，木条得先经过各式各样的处理：去除杂质、降低湿度。风干阶段可在户外进行，尽得天地精华，或者在室内窑烤完成。

"别跟我谈窑烤。"甘霸轻蔑地哼了一声。"我用过窑烤的橡木条，结果一扳就裂。就算表面看来没问题，也会产生肉眼看不见的裂隙，容易发霉、滋生细菌。只有自然风干的木材，才能均匀地收敛，不会弯扭翘曲。"

"风干过程不仅仅只是干燥而已！"安杰罗叫道，"没错，窑烤可以让水分消失，但也阻碍了能带来好处的生化进展。在自然风干的过程中，苦涩、粗糙和草根味会慢慢流失。把木头送去窑烤，等于葬送了让木头甘甜、芬芳的酵素。以窑烤来弄干木条，就像是把葡萄酒给加热杀菌一样，无法熟成。"

比起让木材在户外风干，通过窑烤要省时得多，因此成本也较低。

"是啊！"安杰罗说，"自然风干的过程里总有人想抄近路，毕竟，要好好地自然风干得花上好几年，也就是说，有一大笔钱会被冻结住。"

这也是为什么那些木条在芭芭罗斯科放了那么久。安杰罗深信唯有如此，才能确保风干能做得到位。现在他和甘霸正要去拜访法国中部的劈木厂。

"许多专家都说风干木条的速度，大约是一年一厘米。"他说，"所以一整条风干完大约要三年时间。这点，我们也得自己来实验一下。"

在路上，甘霸顺道去和勃艮地的一个桶匠打招呼，在等待的空档里，甘霸检查了一旁堆放的桶板。

"看看这些，"他悄声说，"大部分的木材都是锯木，只有放在最上面的是劈木。"

四周一下子变暗了，安杰罗把车灯打开。

现在还是下午，但窄路两旁的树又高又密，光线几乎透不进来。当车子驶出林荫隧道，连路面也看不到，眼前全是密密麻麻的树苗。

对酒饕来说，通赛（Tronçais）是橡木的至尊，这是法国少数几个不是以产葡萄酒而闻名于世的地区之一。通赛代表的是独一无二的特级林木，其他橡木条通常来自范围较大的地区，例如阿列行政区（Allier），或利木森省（Limousin）。在阿列也有其他的好橡木林，例如巨木区（Gros Bois），但没有哪个地方能像通赛一样，让人闻之肃然起敬。

"我敢打赌，"安杰罗说，"如果打着通赛名号的木材都真的来自这里，那么整座森林早就被砍光了。"

甘霸点头表示同意。

"更确切地说应该是，和通赛的橡木相似的。"他补充。

通赛橡木林闻名遐迩，要归功于法王路易十四的财政大臣姜 - 巴蒂斯特·柯尔伯（Jean-Baptiste Colbert）。在皇室领地中，林地一直没有善加管理，到 1670 年时，任意砍伐森林、饲养牲畜的做法，导致四分之三的通赛林区都遭到毁坏。柯尔伯为了确保有足够的木材来建造海军船只，以实践法国的商业宏图，所以着手进行大规模移植并加强警戒。到了今日，林区里还有一处树龄超过三百年的橡木以他的名字命名。早在半个世纪之前，英王詹姆斯一世也曾为了造舰和海军军力的考量，颁令禁止燃烧木材来做玻璃。玻璃制造的改变促成了现代葡萄酒瓶的诞生。改用煤炭当燃料之后，玻璃变得更坚固了，既可以用软木塞密封，也不会在运输过程中被摔破。无论王法是否无边，但显然没忘了葡萄美酒陈年之所需。

"通赛林区的栽种方法要的是：最高最直的橡木。"甘霸说，"不要有任何的树枝，这样树干上才不会有树节。"

这项严苛的种植法，所遵循的原则正是物竞天择。老橡树的橡果，大约十年之后，繁殖出的树苗形成茂密的树丛。高密度的种植迫使小橡木长得又高又直，以获取日照。弱小林木不是自然死亡，就是遭砍除，林地于是渐渐变得疏落。等树龄达到一百年之后，仍然矗立的橡树高度可达一百英尺，直径一英尺。在有两百年历史的特高林区（haute futaie），一英亩只剩下四十到六十棵树。

"意大利硕果仅存的几座橡木林都太稀疏，无法产出与此地一样的木材。"甘霸说，"树不是向上，而是向外生长，所以会有很多树枝和树节。"

甘霸锲而不舍地寻找新的供应商。

"劈木厂就像濒危物种，"他说道，"已经濒临绝种边缘。就拿东北方几英里外律西 - 里维斯（Lurcy-Lévis）的波迪厄（Bourdier）来说，我十年前找到他时，他是一位工匠，旗下还有一批劈木工人，现在他手下有三十二名工人，用的全是最新高科技的设备，主要客户是建筑商和家具厂。只剩下一个劈木工人，在一间小棚屋独自作业。现在到处是这样。"

安杰罗在旅游中心停车，要了张地图。甘霸问柜台小姐这附近有没有劈木厂。当她说出一个陌生的名字时，甘霸立刻精神一振。

"劈木厂在维特黑（Vitray），"她说，"是个森林边的小村庄，沿着这条路再开三英里就到了。"

达费（Daffy）先生一头短发，胡子雪白，衬得他的脸庞格外红润。他正在住家和工作间那条泥路上的空地劈橡木，四周堆着木头，还有叠得好好的橡木条。空气中弥漫着新劈橡木的辛香甜味。

达费先生说起话来，就像他本人一样慎重、一丝不苟。他是第三代劈木匠，从事这项工作有整整四十年了，从未间断。

"打从我十三岁就开始了。"他说。

他把一段长约三尺的原木竖起来，这在法文里叫 grume（意为带树皮的原木）。他动作利落，先用楔子与大槌把原木劈成四块，再用斧头和大头木锤把它们粗劈为木条。

"等进了工作室，再去掉树芯和树皮。靠近树皮的这块叫边材（sapwood），用来铺地板还可以，但做木桶的我们只用心材（heartwood）。"

达费证实了安杰罗对木材以通赛之名泛卖的猜疑。

"像我父亲那些老一辈的劈木匠，他们的木材，不出通赛方圆数里。如今，我们从法国中部各地搜罗，现实是，适合做橡木桶的木材越来越少了。十年前，用三个原木就能劈出一立方米的橡木条，现在我需要六个，甚至七个原木才能达到同样的量。"

一天工作八小时，他大约可以劈出一百五十块。

"以前的劈木匠只会选树干上等的部分，那才是道地的橡木条。"他摇摇头，"现在，很多人把能用的都用上了。"

安杰罗急着问："那最好的木材产地在哪里？"

"就在阿列区的通赛和巨木区。"达费回答道，"还有谢尔（Cher）一带的圣帕莱（St. Palais），以及内罗（Nièvre）河一带的伯塔吉（Bertrages）。记得避开以松树为主的森林，那些地方的橡树绝对不是最上等的。"

"那么风干的时间呢，要多久？"

"一块橡木条风干至少要三年，三到四年是最理想的。"

甘霸在一旁嗅着橡木小碎块，还不时放进嘴里嚼一嚼，好像在品高级雪茄似的。

"嘿，尝尝看这个！"他大叫道，"好甜哪！"甘霸非常兴奋，准备展开下一步行动。达费先生有没有橡木条可以卖给他呢？

达费笑了笑。很可惜，答案是没有。他已经和波尔多一家大制桶厂签订了独家合约。

往北开，安杰罗进入谢尔省。距离布尔日（Bourges）不远，喜爱罗亚尔河（Loire）葡萄酒的人会注意到，国道 I40 打美纳督‑萨龙（Menetou-Salon）的西边经过，左边就是昆西（Quincy）和勒伊（Reuilly）产区，这一带是白苏维农的地盘。路标上写着，顺着河，往东二十英里，就到桑赛尔（Sancerre），再远一点便是索穆尔（Saumur）。那儿不种白苏维农，但它是葛朗台（Grandet）的故乡，葛朗台是巴尔扎克（Balzac）小说《欧也妮·葛朗台》（*Eugénie Grandet*）女主角的父亲，也是文学作品中最著名的木条商兼桶匠。

靠近圣帕莱森林附近，有个小村叫梅里木（Méry-ès-Bois）。甘霸在迷宫里替安杰罗指路。不管往哪个方向走，一拐弯总有成堆的树干在眼前。安杰罗在一间大棚屋前停下车。

"他在那里！"甘霸大叫，"那就是橡木教授本人！"

他看起来很有权威感，我行我素、身手敏捷，食指总是不停地指指点点。卡米尔·高瑟（Camille Gauthier）毫不浪费时间，他叫一名工人拿来五根橡木条，立刻开始讲课。

"把这几块橡木条拿起来掂量，"他说，"告诉我哪一块最重。"

橡木教授一头灰发，留着胡髭，身材矮壮。

听了答案以后他笑嘻嘻："没错！那块是利木森，粗纹（gros grain）。"

利木森因为生长快速，所以木纹粗。这些木材来自谢尔省西南部的利木森，这片林区的土壤肥沃，森林大多是 Quercus pedunculata〔译注：栎属，俗名橡树或柞树。在外文中也以 English Oak、French Oak 一名方式出现，本书作者泛以 Oak（橡树）来称之〕，是四百多种橡木（Oak）品种的一种。栎（Quercus）是拉丁文，乃橡树（Oak），而 pedunculata 的意思是橡果以柄连在树枝上。

安杰罗悄声地说，做酒桶的木材很少有变种病毒，因此在讨论木材时大多会用产地名而不是植物学名。

教授要全班遵守秩序，保持安静。

"哪块最轻？"他接着问。

这回大家迟疑了一下，最后从很相似的两条中选了一个。

"又答对了！"教授拍拍手。"那是通赛，细纹（grain fin）的。"

通赛的纹理细密，是由于当地土壤贫瘠，且橡木属为 Quercus sessilis，是另一个欧洲品种，特色是橡果直接与树枝相连。

"你们差点选不出来，因为另一块出自这附近的圣帕莱。"

教授的食指从垂直改成水平，好替大家指出方位。

"它也属于纹理细密的橡木，和通赛的非常类似。"这两块都带点浅浅的粉红，色泽也比利木森浅得多。另外两块则是 mi-fin，纹理中等。

在利木森一带长大的高瑟，带一点南方口音，他老爸是一家大干邑公司的桶匠领班。

"要取得树纹细密的木材，橡树必须非常高大，树干要够粗，直径至少要二十英寸。圣帕莱的树至少要一百五十年以上，才能拿来做橡木桶。现在砍伐的大多是在十九世纪初就种下了！利木森生长速度快得多，树龄大约八十年左右就可以了。"

学生们都沉浸在热情洋溢的教学之中。

"看看这两块，"他说，"通赛的纹理非常细密，你几乎看不出年轮的分隔；利木森的则非常清楚。"

高瑟把手指举得更高，要学生们更注意点：

"现在，把通赛这块看得更仔细些，越靠近树心的年轮越细密，因为小树常常被其他的树遮蔽；接着年轮会变得稍稍宽一些，那是因为附近的树逐渐被砍掉了，因此吸收到更多的日照。"

教授环顾全班，严厉的表情中带着慈祥。

"你们都知道在森林里，只有适者才能生存吧？"

他停顿一下，喘口气，准备进入最后高潮。

"树生长缓慢时，会制造较多的春材（spring wood，又称早材）、较少的夏材（summer wood，又称晚材）。那表示木材中可以萃取的酚类化合物更多。而且，橡树每年的生长都不同，就和葡萄以及其他植物一样。"

他变得激动起来。

"木材本身就是一部活生生的气候史！不仅可以从木材外表看出气候变迁，它所散发出的香气也会透露端倪。要知道，边材的香气远不如心材浓郁。"

高瑟正滔滔不绝，却突然打住。虽然课堂上没有妇孺，但还是小心至上！他把声音压低。

"锯木的时候，有些人会从外一片片直接往里锯，这样就能够把边材也作成木桶用的木条。"

教授停了一下。此时，甘霸露出深恶痛绝的表情。

"那些是板皮（dosse）。"高瑟说到这个词，好像钻石商提到廉价商店里的人造珠宝一般鄙夷。

全班鸦雀无声，大家都惊讶得说不出话来。

"橡木啊！"教授大声叹道，一面往工作室走去。"这门学问永无止境。就算两株橡木肩并肩种在一起，木质也会完全不同。"

办公室里，有个大胡子年轻人坐在桌前，教授朝他点了点头。"问问那位先生，他知道得最清楚。"

这位先生来自勃艮地的一间研究中心，他正在研究影响葡萄酒的各种变数，其中包括橡木条原生树的生长高度，以及树木的朝向。

"看到那边的橡木条了吗？"他问道，指着一区绑着标签、上头还有编号的橡木条。"从树砍下后我就开始追踪。现在我要把这批橡木条带回去，制成小木桶，装进相同的葡萄酒，然后定期品尝、记录其中差异。这是个为期二十年的研究计划。"

教授讲完后，研究员加了些话当结尾。

"目前，我们已经找出六十多种木头所释放的会影响葡萄酒的物质。"他说，"现在甚至可以进一步透过化学分析，来分辨橡木条的产地。比如说，丁香酚（eugenol），这种酚类可以在未加热的木材中找到，阿列的就远比利木森高得多。"

资讯像连珠炮般不断发过来，补充资料一点也不比正课来得轻松，就连地理差异也很难弄明白。

"本地，还有阿列区的木材，都富含另一种香氛化合物，是一种称为内酯（lactone）的酯类，这也是辛辣感的来源。"

"那利木森呢？"一个学生问道。

"几乎不含内酯，但有大量单宁，而且在很短的时间内会被葡萄酒吸收。"

"那弗日（Vosges）呢？"那是法国东部的山区。

"纹理极为细腻，但香气不如阿列。"

"勃艮地的呢？"

"大概介于阿列与利木森之间。不是很香浓，单宁也不多。"

学生们头昏脑涨了，高瑟在有人不支昏倒前探进头来。他准备带安杰罗参观。

用来劈木的液压斧，"就和手工劈木的效果一模一样。"他说道，"机器不但有力，而且十分精确。用它，我可以用五块原木劈出一立方米的橡木条。"

走到室外的时候，他变得神秘兮兮。

"昨天有几个澳洲人来这里，想买橡木条。"他的语气沉重。

几个星期前，有个美国人也来过，他是加州一间酒庄的庄主。

"你知道他想买什么吗？"高瑟一脸不敢置信的神情，大叫道，"原木！"

那些美国人不但想要自制橡木桶，连劈木也打算一手包办！

高瑟及时回过神，继续介绍最后一区，那是庭院里的一堆橡木条。每一层约三到五条，靠近树心的那一面朝里放。空气的流通非常重要，并且要定期地改变木条的位置，这样才能均匀地风干。

"木头需要养的，就像葡萄酒一样。"他说。

橡木条附近的地面是黑色的。"那些都是木材里排出的杂质。"他咯咯笑起来，"排到地上总比流到酒里好！"

"你什么时候会砍？"一个学生问道。

"通常是十月到隔年二月间。"

"那些树是自己的，还是买的？"

"由 O.N.F.、也就是国家林务局（the National Forest Bureau）拍卖。每年会在不同的行政区举行多场拍卖会。谢尔省今年拍卖会的时间是 10 月 12 日，地点在布尔日。"

拍卖会前夕，高瑟家里弥漫着一股兴奋之情，一家人就住在工作室对面。

甘霸问到拍卖会几点开始。

"五点钟。"

"大清早吗？"甘霸大吃一惊。

"一点也没错。"高瑟一本正经地回答，"你要知道，这里是法国，我们得工作！"

他眨了下眼睛，又说："但他们听说明天有意大利人来，所以决定等到九点才开始。"

高瑟承认心里有一点忐忑不安，因为拍卖会决定了他未来一年的木材来源。

只有拍卖会的主持人才知道起价是多少。但根据其他地方成交的价格来看，高瑟估计可能会上涨个两成。上星期在安德尔省（Indre）的省会沙托鲁（Châteauroux）举行的拍卖会，他也去了。

"现场有四百多人，一大堆木头，里头有不少的好货。"

下星期阿列的拍卖会在塞里伊（Cérilly）举行。"不过通赛的木条会非常少，"他强调，"少得可怜。"

茶几上摆了一本林务局出版的手册，列着布尔日拍卖会的拍卖品。册子里布满了潦草的字迹。

"我们花了很多心力研究。"高瑟说道。

他和妻子已经花了好几个星期去评估品质和数量、测量尺寸，甚至在上面钻洞好细看色泽。

高瑟拿起手册，快速地翻了翻。

"这个不错。"他边看边评论，"那个也不赖，但不值那价钱。"突然他脸上出现十分满意的神情，"啊哈！这个才叫真正上等的木头！"

甘霸显得坐立难安，他急着想和高瑟讨论答应卖给他的那一大批货。

"我一直拿不到我想要的木头。"甘霸这么抱怨。

高瑟太太从厨房里端了一盘气泡酒来，心直口快的她告诉甘霸，说法国人不愿意把橡木条卖给意大利人。

"橡木桶，没问题。但橡木条那可不行。"她说。

高瑟解释说这不光是爱国心作祟。

"肥水不落外人田。我们希望把自家最好的橡木条留给法国制桶匠，那也是很自然的事，里头还牵涉到多年的私交，和商场上的关系。"

甘霸举起了他的酒杯。

"祝拍卖会顺利！"说着啜了一口酒。"很不赖嘛。"他嘻嘻笑着。

高瑟没说什么，但他发亮的眼神已然说明了一切。"那还用讲？这可是法国酒！"

在冷冽的大清早，甘霸出发前往布尔日。雾里看不清楚路标，高速公路旁的田里种着的向日葵，看起来光秃秃、黑黢黢的，一排排站着，像是幽灵军团，垂头丧气，疲惫不堪。

谢尔农业大楼位于布尔日市郊，高瑟在前排找到了一个位置，整个大厅几乎都坐满了。他不停环顾四周，看看还有谁来了。甘霸在他的对面找了一个后排的位子坐下。

讲台上有十四个政府官员，半数都穿着制服。十七世纪的法国国王路易十四有句名言："朕即国家！"这会儿官员脸上的表情，简直就是这句话的翻版。他们不时交头接耳，大厅里的气氛庄严肃穆，仿佛在宣告：这样壮观的省级盛会，只有法国人才办得到。

拍卖会在九点整开始。一名官员念出拍卖品名称，另一名负责拍卖。主管会将起价写在一张纸条上然后交给拍卖官，由他报出起价，接着，逐步降低价格，直到有人喊："我买了！"拍卖官念价格的时间间隔不到一秒，所以没有犹豫的余地。

有些竞标者喊价声很小，有些却声如洪钟。坐在甘霸前面那个人，每隔一个拍卖品就喊："我买了！"却总是比别人慢了半拍。也有人会抗议他明明比得标者先喊价。官员们迅速地商量了一下之后，拍卖官总客套地笑着回应："抗议无效。"要是有竞标者尖声大叫："我买了！"却发现自己标错拍卖品，这时场内就会有一阵窃笑。如果有拍卖品起标价超过一百万法郎，却在第一次喊价就卖掉，那么大家又是叹气又咯咯地笑。

"又是修席耶（Chaussière）标走了。"一个男士低声地告诉坐在他旁边的女士。

"不然还会有谁？"她回应。

甘霸伸长了脖子看高瑟，心想，他到底何时才打算出手。

第三十八项拍卖品由四十一万法郎起价。拍卖官才刚念到三十六万法郎的三字，高瑟立刻跳起来大喊："我买了！"他的脸都涨红了。

在十点四十分时，拍卖官宣布："各位先生女士，拍卖会到此结束。"

高瑟一共买了三样。"情况原本可能更糟。"他一面用手帕揩脸，一面说。"有几样我没能标到，但买了几样物有所值的，其中有个是上等好货。"

"谁是修席耶？"甘霸问道。

"喔——修席耶！"高瑟翻了个白眼，咬牙切齿地说："他是圣阿芒（St. Armand）最大的家具商，最好的木头都给他买走了，没人能争得过他。"

"他也卖橡木条吗？"甘霸抱着希望姑且一问。

"你在说笑吗？他在瑞士有不少的客户，在巴黎有间旗舰店，还有数不完的……"高瑟用拇指和食指比出数钱的手势，"钞票。"

这样的大户怎可能会对小小的橡木条生意有兴趣？

"原本希望我哥哥能标到一些圣帕莱的。"高瑟说，"但他在等，看他们会不会松手。"他闷笑了一声，"这儿的拍卖会，他们什么也不会放过的。"

高瑟太太过来和甘霸打招呼。"今天挺平静的，"她说，"有时候人们太激动，场面会变得很火爆。"

"那是因为财政部门罢工，"高瑟说，"代理人经验不足，所以决定慢慢来。通常整场拍卖就像连珠炮似的。"

离开大厅时，甘霸遇到一个阿列区的劈木匠，他整个人看来非常沮丧。

"所有的东西都好贵。"他叹着气说，"我只买到一样。能做橡木条的木材越来越少了，家俱商把好货一扫而空。"

"下星期在塞里伊还有一场拍卖会，你会买到更好的。"甘霸只能这么安慰他。

法国橡木如今在葡萄酒界独领风骚，许多酒庄的酒窖里只用法国橡木桶，但以前可不是这样，就连在法国本土也不例外。

"橡木桶的味道会毁了葡萄酒。"1875 年，法国一本桶业刊物里这样写，"加拿大、美国以及北欧出产的橡木，渗入葡萄酒中的外来物质最少。它们才是最适合用来制作陈年顶级葡萄酒的小木桶。至于法国本地橡木制成的木桶，只适合存放一般的酒。"

长期以来，波尔多一直用北欧橡木。十七世纪初，汉堡成为波尔多在北欧最大的市场，船只把酒运往那儿，回程则载着来自东边的普鲁士（Prussia）、波兰（Poland），以及波美拉尼亚（Pomerania）等国的橡木条。

波罗的海橡木纹理细腻，对葡萄酒风味的影响，不会像利木森那么明显。直到第一次世界大战前，波尔多都用北边那儿的橡木桶。

那本刊物里提到的美国橡木是 Quercus alba，它的酚类化合物，诸如单宁和染色物质，都不及欧洲橡木，但富含香草醛（vanillin）以及相关香氛化合物。尽管美国橡木比欧洲的便宜许多，但它浓郁的香气与味道让许多酒庄却步；另外，也有可能是因为阿肯色（Arkansas）、伊利诺（Illinois）和密苏里（Missouri）这些地名，听起来就是没有阿列，或其他法国地名来得响亮。

"克罗地亚和斯洛文尼亚的潜力丰富。"甘霸说，"但过去十到十五年间，品质下降了许多。当地没有好好规划采伐，也不曾进行有系统地种苗复育，结果现在的树都太细太小。我买了很多的橡木条，上面都有树节，弯曲的时候就会裂开。当然，他们也不采用劈木法，能买到的只有锯木。"

虽然意大利的森林早就遭受严重破坏，但直到最近依然生产着少量的橡木条，例如威尼斯北方二十五英里的蒙泰罗（Montello）高原的森林，欧大维曾提过当地生产的橡木能"媲美斯洛文尼亚的上等木材"。在蓝葛区也能找到关于意大利木材业的口述历史，巴罗洛的顶级酒庄路强诺·桑多内

（Luciano Sandrone）庄主，记得老一辈的和他提过，以前的橡木桶都是用当地木材制作，这种木材叫做 Galera。Galera 其实就是当地的叫法。

那小橡木桶呢？意大利在大木桶之前，有没有用小木桶酿酒的传统呢？虽然证据并不充分，但颇耐人寻味。

有兴趣钻研这个主题的人，不妨从奇昂蒂的蒙塔利亚利（Montagliari）庄园的乔凡尼·卡佩里（Giovanni Capelli）提供的资料着手。几年前，在一批十八世纪晚期的家族手稿中，他得以一窥 1790 到 1917 年的酿酒传统。蚜虫在 1917 年摧毁整座葡萄园，他们不得不重新种植。今日的奇昂蒂，尽管法规最近才经过修订，须以不同葡萄品种混酿，才能得到官方认可。但古时候乃以单一的桑娇维赛酿成，放入一个二百升、名为 caratelli 的小木桶中陈年。卡佩里原本对所谓的传统深信不疑，但在这个重大发现之后，他很快地改弦易辙，转而遵循古法，并对此奉行不悖。

更耐人寻味的，或许是一句古谚："小橡木桶出好酒。"谚语是实际经验的智慧结晶，古时候的农夫或许墨守成规，拘泥于传统，但理论可不是他们擅长的！

瓦乐里欧·葛拉索（Valerio Grasso）站在橡木桶前，调整二氧化硫的添加量。

又到了替 1989 年圣罗伦佐特级葡萄酒换桶沥酒的时候了。

二氧化硫可以保护葡萄酒不过度暴露在氧气中。吉多已经检查过游离二氧化硫的浓度——也就是没结合的二氧化硫，根据数据再决定添加量。他巡视现场，确定每个环节都顺利进行。

"沥酒（Racking，也译换桶、倒桶）看似简单，其实非常重要。"他说，"与空气接触后可以驱散沉淀物可能引起的怪味，同时让二氧化碳消散。二氧化碳若一直留在葡萄酒里，会让单宁和酸度感更明显，而且，如果过程轻柔，单宁的氧化对酒也有益处，此外还可以增进聚合作用。若葡萄酒不与氧气接触，过度还原的话只会酿出苦涩难闻的酒。"

当然，氧化的方式也很关键，如果太剧烈，反而会毁了葡萄酒。

"特别是内比奥罗，"吉多说，"因为花青素很不稳定，沥酒会破坏酒的色泽。卡本内就比较经得起多次沥酒的操作。"

酒从橡木桶流往比楼平面略低的大缸里。一名年轻工人拿着输送管，比缸中的葡萄酒面稍微高一点点，随着酒的增加而慢慢提高管子。

"酒缸比地板低一些的话，就不需要靠泵强力抽取，也不会把葡萄酒泼溅出来。"吉多说，"这种做法几乎等于是重力法（by gravity）。"

酒窖里总是潜伏着暴力因子，随时准备出击。泵可能会把葡萄酒痛打一番，因此在酒窖里工作，需要的是羔羊皮手套（译注：作者此处一语双关，意思是细心照顾），但不是伤痕累累的拳击手套。

"工人让管子略高于酒平面，这样葡萄酒和氧气的接触才能既短又轻柔。"

安杰罗来酒窖和吉多谈话，顺便观察沥酒的状况。

"说得没错。"他说，"最主要的是防止泼溅。我还记得以前沥酒的时候，总是长路迢迢，酒至少会泼洒两次：一次是从木桶到大槽，另一次是从大槽回到木桶。"

他淘气地笑了一笑："有些客户会抱怨，自从我接手酒庄后，酒窖里味道大不如前。那当然，我父亲的酒窖闻起来满室醇香，那是因为酒总是到处泼溅，使得酒中香气都蒸发到空气里了。"

安杰罗比了个"随风而逝"的手势。"享受酒香的是酒窖工人，而不是那些付钱买酒的人！"

葛拉索现在忙着替清空的橡木桶打氮气。氮气肩负着隔绝氧气的责任，等酒被移回原来的木桶时，氮气就会被挤出，功成身退。

葛拉索大约五十多岁，头发渐渐灰白，他在不同的酒庄工作超过一共二十五年，在嘉雅待了八年。

"这工作讲究耐性。"他说，"小橡木桶就是特别花功夫。沥酒的时候，一个就要花一分半钟。接着还要清洗、风干、收纳，而且我们每换完一排桶子，就要消毒一次。"

他笑了起来："以前工作的酒庄做法完全不同，那里简直是个加工厂。我们一天要处理七到八辆货车的酒，酒总是四处飞溅。"

"想训练一个酒窖工作的能手，要花上十年的时间。"吉多说，"我们需要一两个人专门负责这些小橡木桶，而且这个人的思考方式要像艺匠，而不是工人。"

现在吉多又打算做什么？他穿着及膝的雨靴，站在黑黑的水中，拿着一条水管帮一叠木条堆浇水。现场看不到半点烟，根本用不着灭火！为什么酿酒师要帮木头浇水？

"这是连续第三个很干的冬季了。"他说道，"如果不浇水，它们就没办法均匀地风干。"

他看了看地上脏兮兮的水："在这么短的时间里，光用清水就有这样的效果，想想葡萄酒里的酒精萃取力，再加上长达几个月时间的状况。"

安杰罗深信，风干是木条品质好坏最重要的因素，他显然很有道理。当然，地上的污迹主要来自于近期购入的木条。较老的都在这里放了三年以上，已经可以用来装今年的葡萄酒；1991 年的圣罗伦佐特级葡萄酒，会装在量身打造的橡木桶里。

"会很小心地用，不让有太多的木桶味。"吉多保证道。

终于能够用自家风干的橡木来做实验，吉多相当兴奋。

"在我们启用这些小橡木桶之前，我们会用四种不同方法处理，其中一种是什么也不做。虽然蒸汽可以移除一些不利因子，但无疑地也会抹煞一些好东西。"

除此之外，"我们要尝试在木桶里进行苹果酸乳酸发酵。因为我们知道这些木材经过该有的风干程序，不要担心木桶是否会阻挠细菌工作。"

吉多走进酒窖，出来的时候带着一个酒杯，里面装着从小木桶取出来的酒。"尝尝看。"他说。

酒色很深，带有辛辣感而且饱满。虽然很年轻，但已有丝绒顺滑感，几乎现在就可以喝了。

吉多把剩下的酒倒了，再装进另一个橡木桶里的。这款酒很不一样，闻时有更多果味，但不及第一杯酒那么丰富，显得有些生硬和粗糙。

吉多原本板着一张脸，直到这时才舒眉。

"两杯都是 1989 年的圣罗伦佐特级葡萄园的酒。"他说，"但第一杯来自新橡木桶，第二杯的橡木桶则已经一岁了。"

回想起他在采收前说过的话："同样的一瓶酒，装在不同的容器里，然后，你就有了两种截然不同的酒。"原来我们知道得真的太少！

"因为酒和氧气的交流更频繁，所以放在新木桶里的酒会更柔和。"吉多解释，"橡木桶经使用后，上面的气孔会渐渐阻塞，氧气的交换也会渐渐减少。酒体较壮是因为酒中的多醣体（polysaccharides）较多，这些物质是由新木材的纤维素当中萃取出来的，赋予葡萄酒所谓'肥美'（fat）口感的正是这些多醣体。"

他停了一下，想想接下来要试喝哪一桶。

"啊哈！"仿佛灵光乍现地叫了一声。他走到酒窖另一边的橡木桶，倒了些酒在杯子里。

"如何？"他问道。

这酒比其他两杯都更浓稠，但是粗糙又艰涩，让你觉得嘴巴全皱在一起。

吉多扮了个鬼脸。

231

"你刚刚尝的是发酵时没萃取的酒，也就是榨渣酒（press wine）。"

现在我们才充分明了，为什么每年秋天，当酿造芭芭罗斯科的葡萄要进入酒庄时，红色警戒就会亮起，你可不希望这些东西把葡萄酒炸得粉身碎骨！某些酒区，其中不乏知名酒区，会在酒里添加榨渣酒，目的是让酒体更强健。吉多从来不用榨渣酒，但他还是保留了一桶好观察演化。

"但是对于一款像圣罗伦佐，甚至普级的芭芭罗斯科来说，榨渣酒非但没有好处，还会让它们失去原有的优雅细腻。"他说。

葡萄酒陈年的阶段里，依然充满了许多未知，有待学习。

"大多时候，就是不断地尝试和犯错。"吉多说道，"数据有很多，但从理论到实践，中间问题重重，这么说并不夸张。在酒发展的过程中，你必须一而再、再而三地品尝，不断地比较，根据各种变数做出最佳的结论。有些事情变得明确了，比如说木头的部分。木纹细腻的橡木是最佳选择，因为它释放木材中化合物的速度比较缓慢，也让葡萄酒变得更优雅细腻。"

所以阿列的确比利木森来得好。

"据目前所见，至少以我们的酒来说，情况确实如此。"他说，"但你不能拿知名酒庄如木桐堡，和一个村庄级的酒区如桑特奈（Santenay）的酒相比较，然后自认为比的是波尔多与勃艮地。某些特定地区的利木森，如果生长环境有利，可能会与生长环境较差的阿列橡木不相上下。经过三年风干的利木森，毫无疑问一定比风干半年的阿列来得好。"

谈到橡木条的学问，总让人有林深不知处之感。

"更实际一点来看，那一大堆有关特定森林差别的说法听听就好，不必照单全收。怎样才能保证我买到的木材确实来自该地？"

吉多抿嘴一笑。

"要确保拿到的东西货真价实，唯有从砍树一直到把木材运回芭芭罗斯科，每个步骤都由我自己来！"

1991年2月23日

1989 年的圣罗伦佐正要挥别小橡木桶，往六千八百升的大橡木桶移动。

"想想看，二十多年前这个大橡木桶还是全新的时候，"吉多说，"那时的木条当然没完全风干，想充分风干它们至少要七年！所以木材里尚有大量的粗糙单宁和苦涩成分。当年，都是用蒸汽来弯曲木条，然而蒸汽所提供的热度不足，无法达到火焰才能促成的化学反应。"

可能有人会问，为什么不把酒先放在大木桶，再移到小木桶？

"小橡木桶的木材较新，和葡萄酒接触的面积也更大，因此对酒的冲击比大木桶来得大。由于含有许多微小的粒子，新酒的密度形成某种缓冲，减低了木材的影响。事实上，我们有一部分的白葡萄酒直接在小木桶里发酵，甚至没经过蒸汽处理，因为酵母菌以及酒渣能有效地缓和木桶所带来的影响。"

最后一批 1989 年的圣罗伦佐已经准备好，可以沥酒了。

"小橡木桶让葡萄酒适应新环境，大橡木桶则让酒更臻完美。"吉多说，"在小木桶中的缓慢氧化过程，让葡萄酒逐渐适应氧气。如果葡萄酒一直储存在密不透气的容器中，一丁点的氧气接触都会造成极大的冲击，导致在沥酒或装瓶时的剧烈氧化。葡萄酒也必须适应还原状态，也就是缺氧环境，这是在装瓶后它们所必须面对的。"

233

　　"在装瓶前，吉多和我总会一起先尝尝酒。"安杰罗说，"我们通常在收成后的第三年春天，大约就像现在这时候装瓶，然后等到九月中才发货。"

　　嘉雅酒庄的办公楼整修得焕然一新，全新的品酒室在一楼。安杰罗已经坐在里面，桌上瓶子里的是刚从木桶里取出的圣罗伦佐1989，吉多走进来，开始倒酒。

　　两人先观察色泽，然后闻，接着将酒含在口中。安杰罗的表情变化万端，各种情绪倏忽来去；吉多闭上眼睛，他会不会是在祈祷呢？在绝望的片刻，仿佛听到他在喃喃地说："愿神解救我们，脱离单宁。"此时此刻，单宁几乎等于邪恶，而几秒钟的沉默，有如永恒。

　　安杰罗看着吉多，两人无声地交流。

　　"这个年份必定十分特殊。"吐掉酒后他说，"现在装瓶太可惜了，葡萄酒还没准备好。"

　　吉多点点头。两人讨论葡萄酒时，安杰罗也表现出诗意的一面。但他可不是打油诗人，而是品酩诗人。

　　谈吐间自在挥洒着隐喻与明喻。葡萄酒"一如"什么什么，又"恰似"什么什么：

234

"一如未经雕琢的璞玉，我们只不过才瞥见其形而已。"

"一如米开朗基罗的人物：石中囚徒，挣扎着追寻自由。"

"生气蓬勃的一头骏马：雄姿英发却带缰衔辔，被紧紧束缚。"

当一款酒太年轻，还没熟成、展现潜力时就被饮用掉，宛如犯了杀婴罪。

"杀婴？"安杰罗语带嘲弄，"那么这酒可是个孔武有力的巨婴啊！"

1989 年的圣罗伦佐绝不是薄酒莱新酒（Beaujolais nouveau），它的多酚量丰富，每升有二点九五克。酒精浓度十三点六九，几乎等于二十世纪初多明齐欧·卡瓦萨的酿酒合作社所生产的酒。卡瓦萨的 1903、1904 和 1905 年的葡萄酒，酒精浓度分别是十三点五九、十三点八九，以及十三点六零。以今日酒饕的眼光看来，最大的差异在于总酸度。卡瓦萨这三款酒的酒石酸含量惊人，分别是每升九点零七、七点五零，以及八点四零！1989 年的酸度，远比这个数值来得低，每升仅仅五点八零克，这使得味蕾所感受到的单宁顺滑，而不粗涩。

这里的 1989 年，天气炎热干燥；同年的波尔多更热，但没有此地干燥。1989 年份的波尔多颇受好评，在理论上，圣罗伦佐同样也有希望成为顶级佳酿。

安杰罗非常擅长推销自家的酒，但他也知道就葡萄酒的演化而言，没有什么是绝对的。

"希望又不能拿来喝！"他叫道，"葡萄酒里总是充满了惊奇。"

"让酒在小橡木桶里多待几个月，对它有好处。"吉多说。

"没错，"安杰罗回答，"我们需要知道更多。实在很难预测何时才是最佳装瓶时机，因为酒中有些元素可能已经准备好了，有些则还没。"

那么何时才是圣罗伦佐装瓶最好的时间呢？

安杰罗和吉多连眼神都不必交换，就知道对方在想什么。

"我们得看看酒在夏季里演化的情形，"安吉罗说，"幸运的话，可能在九月初采收开始之前装瓶，如果还没好，那就得等到明年春天。"

他们总是选天气暖和的时候装瓶，因为那个时候的葡萄酒，吸收的氧气量会比较少。

"希望我们的客户能理解。"安杰罗说着叹了口气，"有些客户买的是期酒（en primeur），已经预先付过款，但他们在圣诞节前拿不到酒，就算我们在九月装瓶，等到发货时也已过了一年。"

安杰罗再次闻了闻，又喝了一口。他愿意不惜一切，只求换来一句问心无愧的"好了！我们装瓶吧"，他可是个鼻子很灵、要求很高的品酒人。

"这款酒很任性又固执，我们无法勉强它。"

他看着手中的玻璃杯："等它准备就绪，自然会让我们知道。"

装瓶就和橡木桶一样，你得问的是葡萄酒。

1992年8月20日

"果——冻?"

外人那不敢置信的口气,让吉多开怀大笑。他点点头,然后重复一遍有关大木桶的问题。

"这会儿,1989年的圣罗伦佐和果冻有何相似之处?"

这是某种因果吗?不管怎么说,都令人很失落。才谈过许多艰涩难懂的议题,解开各类聚合物,还有苹果酸乳酸发酵的谜团,新手刚刚自以为经验老到,这会儿却又让他一头雾水。一款有希望成为经典的葡萄酒,究竟和果冻这玩意有啥关联?

"明胶(gelatin)!"吉多解开了谜团,明胶的用途是澄清葡萄酒。

他们已经决定在九月初装瓶,为了让葡萄酒顺利地搬家,吉多只得牺牲他已经很短的休假。

"许多人觉得事情已经告一段落,只剩下余音而已。不过那只是他们以为的!"

从剪枝到陈年的一路上,许多酒迷为爱酒呐喊加油,此刻已经准备散场离去。

"这款葡萄酒赢定了。"他们会这么说。"现在要做的是冲过装瓶这道终

237

点线，这只不过是个形式而已。"

而有所不知的是，最后冲刺的跑道上，充满了跨栏障碍。

新鲜的红酒总是混浊的，因为酒中仍有许多悬浮粒子，例如葡萄本身的残渣、酵母菌、细菌、色素，以及微小的结晶体等等。这里头有一部分会沉淀到容器的底部，在沥酒时与酒分离。这样的澄清会自然发生，不过酿酒师也可以用各种方法来促进涤清作用：像把酒储存在低温环境的小橡木桶中——吉多也是这样做的。除此之外，也可以采取更直接的方式，以确保葡萄酒更清澈、稳定。

"混浊不清的酒，看起来是不怎么赏心悦目。"吉多说，"而且这些粒子也有损品饮的乐趣。"

传统的做法是下胶澄清（fining），利用蛋白质来澄清葡萄酒。因为蛋白质是带阳电荷，会和单宁与其他粒子，也就是带阴电荷的成分产生化学反应，彼此吸引，形成较重的絮凝物（floccules），渐渐沉往底部。

"澄清有时只是种假象。"吉多说，"这也是为什么，让葡萄酒进行自发性的澄清是不够的。酒看起来似乎清澈了，那是因为微粒都沉在瓶底，当温度改变，又会再度变得混浊。下胶就是用来确保葡萄酒的清澈。"

传统的下胶澄清剂有牛血、酪蛋白（来自牛奶）、明胶（来自鱼鳔），当然也少不了蛋清。

吉多扮了个鬼脸，捏起鼻子。"我知道，在知名如波尔多的地区，使用蛋清是传统。我试过，但决定不用，因为之后的木桶非常难清理，你要闻过才知道有多臭！我发现用明胶效果一样好，而且更方便。"

他从另一个桶子里拿了尚未澄清的芭芭罗斯科，装进一个烧杯里，然后加了些用温水化开的明胶。酒立刻变得混浊，然后形成一个小网丝，慢慢沉入烧杯底部。

"我用圣罗伦佐特级葡萄酒进行实验的时候，澄清效果好得不得了，我

 在酒之颠——

238

甚至可以省略过滤这道步骤。"

吉多的语调虽然没什么特别的震撼，但仿佛能听见贝多芬第五交响曲起头的音符响彻酒窖。"过滤"一词在葡萄酒界可是掷地有声，有些人视之为滔天大罪，是谋杀葡萄酒的委婉词。对他们而言，酒标上的"未过滤"才是最闪亮的酒德勋章。

"他们的看法也不全然是错的。"吉多说，"他们只是把一个复杂的问题想得太简单了。"

我们偶尔会从葡萄酒书籍或杂志中，读到葡萄酒在桶边试饮时表现极佳，但装瓶之后却叫人大失所望。新鲜的葡萄酒很可能今天还生气勃勃，明天就死气沉沉。葡萄酒在装瓶时被扼杀的报导，在勃艮地似乎比其他酒区更常见。

有种说法是：某些品种较能承受装瓶过程的种种，特别是过滤这一道，因此表现比其他的来得好。卡本内苏维农与内比奥罗这类高单宁的品种，和勃艮地娇弱的黑皮诺相比，过滤对其损害似乎比较轻微。

"当然，这也要看是怎么装瓶的。"吉多说，"装瓶有可能成为葡萄酒最大的创伤。如果没有适当的设备、不知道如何保护葡萄酒，那么它可能会严重氧化。"

还有下面几点也很重要。

"当我们谈到过滤时，千万不要把许多迥然不同的方法都笼统地混为一谈。藉由去除残存的酵母菌与细菌，过滤可以灭菌，这种微过滤，所用的筛孔必须小于零点四微米，如果你想将所有菌类一网打尽的话。"

吉多用的是一百五十微米的筛网，他并不打算彻底灭菌，只想确保没有澄清后遗留的明胶。

"明胶是有机物。"他说，"只要有残留，可能会产生异味。"

有位访客大胆地提出自己的看法，认为过滤得太厉害会剥夺葡萄酒里的重要成分。

"一点也没错！"吉多大声说，"例如会流失那些让酒尝起来滑顺的胶质。酒中的酚类化合物和这些胶质分子结合，而非与舌头上的黏蛋白互相结合，尝起来会比较柔顺。"

但光是拥有筛网是不够的，你还要懂得如何善用。

"许多用纤维素垫过滤后的葡萄酒，喝起来会有纸板味。"吉多说，"但错不在滤网，错的是酿酒师。酿酒师应该先清洗垫片。这些垫片和橡木条有点类似：必须先取掉某些成分，才能拿来做橡木桶；第一批通过滤网的那几升酒，都应该要倒掉。"

还有其他的细节影响也很大。

"比如说，过滤前酒本身的清晰度。葡萄酒本身越清澈，需要用到的压力也越小，所以说若葡萄酒在过滤后猝死，有可能是因为泵的力道过猛，而不是过滤本身。有时候你可以在下胶澄清时一并处理，虽然速度较慢，但以长远的效果来看，那样其实更好。"

在吉多走开之前，他给过滤下了个结论："如果你好好地照顾葡萄酒，而且也不介意冒点险，大可以省略过滤步骤。"

明胶正在克尽职责。下沉到桶底的絮凝物每增加一点，代表着臭味与混浊的风险又降低了一分。很快地，葡萄酒就会与这些沉淀物分道扬镳，准备装瓶。

葡萄酒现在只等着吉多一声令下，解除警报。

酒瓶慢慢地前进，犹如阅兵典礼的士兵，一排排站得笔直。透过重力作用，1989 年的圣罗伦佐慢慢流向发酵楼的下一层，将酒瓶一个个填满。在装瓶之前，氮气已先将瓶内的氧气净空，以确保葡萄酒的安全无虞；另一位老面孔的警卫——二氧化硫，打从酒一离开橡木桶，就已开始值勤。

"只消一丁点的二氧化硫，就能抵销那些来捣乱的氧气。"吉多说，"年纪轻的葡萄酒装瓶时，因为本身仍含有微量二氧化碳，因此不需要额外添加。这情况有点像老幼之别，老者抵抗力较弱，因此需要格外保护。"

现代酒瓶的发明，对顶级葡萄酒的发展有重大影响。早期的酒瓶脆弱易碎，外观不一致，因此大部分只能用来盛酒，不适合用来运输和储藏。新的圆柱形酒瓶以强化玻璃制成，不仅能够避免葡萄酒醋化，在陈化过程里也扮演了重要的角色。

安杰罗刚接手酒庄时，大部分的酒都是装在大肚瓶里卖。

"五十年代末，有一天，快过圣诞节的时候，母亲跟我说那年卖了将近五千瓶的酒。"安杰罗的父亲回忆道，"这个天文数字以前听都没听到过，圣诞节可是我们一年里唯一卖酒的时候。"

改用瓶装的决定，并不是根据试饮结果，或是对葡萄酒发展的评估。

真正的原因很实在：接到订单后，再把葡萄酒分批装瓶。所以许多酒的装瓶时间会相差好几个月，甚至好几年。当然，尝起来味道也截然不同，就像每当安杰罗被问道 1961 年的芭芭罗斯科时，他总会反问："哪一批的？"

然而早在第二次世界大战前，本地研究者嘉里诺 - 卡尼那就指出，酒瓶不只是用来运输葡萄酒的另一个容器而已，酒瓶所提供的还原环境，对于葡萄酒发展酒香（bouquet）等特质而言，十分关键。

随着酒庄自行装瓶日趋普遍，酒瓶也成为某种合理的保证，证明该款葡萄酒确实出自酒标上所声明的产地。但是这项替产地背书的作用是近期才有的。范提尼曾指出，他那个年代的顾客完全不信任瓶装酒。

"谁卖瓶装酒？"他这么反问，"是那些从四面八方收购葡萄和葡萄酒的大酒厂，因此，众人对于酒的来源与产地的真实性，总是半信半疑。"

多年之后，大约在十七世纪中期，酒瓶演化到我们今日所知的形状。主要产区的酒瓶模样虽然不尽相同，但也八九不离十，酒瓶形状于焉成型。

"把酒瓶当成领带和手表来销售，我们是第一个。"法兰柯·马基尼（Franco Marchini）这么说。"不走标准化路线，讲究的是个性化诉求。"

马基尼一头银发，年纪六十开外，他是 Nordvetri 瓶厂的老板，这家玻璃制造厂位于意大利东北部，靠近特伦托（Trento）。在这间超现代化的工厂里，簇新的玻璃瓶闪闪发亮，一个接一个从上面滚下来，仿佛一道道流星雨。

办公桌上，摆着一张他父亲和一台机器的合照，1939 年在故乡阿斯蒂拍的。

"那台机器一分钟最多可以做三个瓶子。"他说，"我们现在一分钟可以生产六十个，一秒一个。"

现代酒瓶诞生后，有很长一段时间，酒瓶比葡萄酒还要贵得多。生产方式的进步改善了这一点，而且不只是在产量上。

一百年前，欧大维还强调许多酒瓶做工不好，又容易坏。他写道："用过的空瓶子比较靠得住，反而供不应求。"

"如今装瓶作业由机器执行，"马基尼说，"酒瓶的强度一定要够，还要非常挺直。安杰罗定制了特厚款，来保护圣罗伦佐特级葡萄酒不受温度上下的波动影响。我们也研发了防紫外线的酒瓶，其中一款棕色的外观与安杰罗定制的类似，能够百分百阻绝紫外线；另一款香槟绿则能隔绝百分之九十的紫外线。你知道，紫外线可能导致酒的氧化。"

安杰罗来这里是想替他的巴罗洛找个瓶子。瓶厂曾为达尔玛吉量身定制、研发了一款特殊的瓶子。

"没错，刚开始那个瓶子是很特殊，但其他酒庄很快的纷纷跟进，打电话来要'和嘉雅一样的酒瓶'。"马基尼说道。

现在安杰罗不打算像之前那样标新立异了。

"以前特殊的酒瓶，是用来彰显一款酒本身的特殊地位。"他说，"现在这么做的效果，几乎适得其反。"

在办公室的桌子上，放了一个瓶颈十分怪异的酒瓶。

"没错，"马基尼说，"这个瓶子的颈部比标准款窄了许多。这是托斯卡纳某间酒庄特别定做的。他们之所以提出这样的特殊要求，是因为在萨丁尼亚岛坦皮奥保萨尼亚（Tempio Pausania）的软木塞研究中心的研究员——安东尼奥·佩斯（Antonio Pes）告诉他们，放进瓶里的软木塞越少，酒受软木塞感染的危险就越小。但是，比起芭芭罗斯科某间酒庄定做的酒瓶所遇到的困难，这根本算不了什么。"

马基尼一脸严厉地指着安杰罗：

"你那些软木塞，搞得我们人仰马翻！"

装满酒的瓶子列队通过后，由软木塞封瓶。

木塞与木条皆来自橡树，能与特级葡萄酒直接接触的物质中，只有这两者是非惰性。软木塞（cork）是由 Quercus suber 的树皮制成（Suber 是拉丁文的"cork"，但英文的词源却是出自 Quercus）。

想要能在瓶中陈年，有所谓的"年份酒"，现代化的酒瓶虽然是必需但还不够，还需要一个令人满意的封瓶方式。软木塞刚好合适。古罗马人早就发现了软木塞，但却被遗忘了上千年，直到十七世纪，才被重新发掘。酒瓶与软木塞的婚姻得到众人祝福，现代葡萄酒史由此展开。

软木塞的卖点很惊人：压缩力强、弹性好、抗渗佳、质量轻，再加上高系数的摩擦力。大部分的树皮都是纤维，但橡木塞却是由充满空气的细胞所组成。这些细胞的直径大约是一英寸的千分之一，一立方英寸的软木塞中有两百万个细胞。木塞有超过一半的体积都是空气，这也就是为什么木塞轻，压缩后能迅速恢复原来体积的原因。从树皮上切下来的软木塞被塞入瓶口后，由于巨大的扩张力，切面上的细胞宛如一个个小吸盘，紧紧吸附在玻璃上，因而能密封瓶口。

英国发明家与物理学家罗伯特·胡克（Robert Hooke）很可能是第一个发现软木塞本质的人。他透过显微镜观察软木塞，并率先用"细胞"来命名观察所得。"细胞"一词最早出现在他 1665 年出版的著作《显微镜制图》（*Micrographia*）。这本书也是首次呈现显微镜下的软木塞。胡克将观察到的"小方盒"和蜂巢相比，并说关于细胞的发现"让我得以一窥木塞之堂奥"。

表面上看来，软木塞似乎是瓶塞的不二选择。

"软木塞啊！"吉多叹了口气。他一讲到软木塞就老是叹气，但可不是如释重负的那种。

244

"软木塞不但是整个锁链的最后一环，也是最脆弱的一环。"他这么说，

"在葡萄园和酒窖里所有的心血，可能全毁在一个小小的瓶塞上。这就好像在一场大赛的最后几秒，因运气不佳而输球。"

吉多显然不愿意自己手下的葡萄酒，就这么投身于有着各种危险潜伏的外在世界，却仅有如此薄弱的屏障。

"危险哪是'外在'？"吉多怒冲冲地说，"危险就藏在木塞里。我们需要在葡萄酒和木塞之间设下屏障！"

如果你尝过有"霉塞味"的葡萄酒，自然知道他在说什么。就连霉塞味，也有好几种不同的含意。

木塞会因为遭到霉菌侵袭而产生变化，这可能在树上就已发生，也可能是在树皮剥下后。

吉多认定蜜环菌（Armillaria mellea）是罪魁祸首之一，这种菌会攻击土壤排水不良的树木，因为对所有霉菌来说，潮湿是不可或缺的一部分。

"真菌在树上最多只会长到一英尺。"吉多说，"发霉的树皮用来做别的东西还可以，但绝对不能用来做软木塞，但那些剥树皮的工人，为了获得更多的树皮，甚至连埋在地底的树干也不放过。这些工人就像那些不知筛选为何意的葡萄农。"

在处理木塞的过程中也会产生臭味，比如说用来灭菌的氯气，最恶名昭彰的就是三氯苯甲醚（2，4，6- trichloroanisole）。软木塞的表面由许多微小细胞组成，与环境接触的面积也比平滑表面来得大。此外，每个细胞都是个迷你容器，因此木塞很容易吸收环境中的各种气味。

根据研究统计，酒沾染霉塞味的概率在百分之二到百分之十，普遍来说是百分之五。

"然而软木塞的问题，不仅仅是霉塞味。"吉多说，"木塞本身就是个麻烦，就这么简单。"

1973 年，法国顶尖葡萄酒杂志《法国葡萄酒评论》(*Revue des Vins de France*) 的读者看到这个半页广告时，一定十分惊讶。广告里有四个男人大声疾呼："四代相传的热情，尽悬于此物之良莠……"读者肯定会觉得软木塞这么轻巧，却要担上如此重责大任，也太为难了。

照片中的四个人，分别是当年三十三岁的安杰罗、他的父亲、祖父，还有曾祖父。广告中，安杰罗正在悬赏寻找"一个举世无双的软木塞"。价码不是问题。

读者们必定很好奇这男子是何许人也。照片里的安杰罗看起来就像意大利版的詹姆士·迪恩 (James Dean)，很容易让人浮想联翩。除了酒庄庄主，他是不是还身兼电影明星？在广告正中央，有个软木塞的特写，你可以清晰地看到上头的字母 L-O-R-E-N。谁知道，有多少法国人会联想到的是某意大利的特级葡萄园，而不是大明星索菲亚·罗兰！

"安杰罗什么都要改。"卢吉·卡瓦罗回忆道，"就连软木塞也不放过！"卡瓦罗疲态的老眼，此刻却闪烁着孩子气的惊奇。

"我记得有一回，有人提到在一批装箱的货里有两瓶酒染了霉塞味，其他人会想'货量那么大，两瓶算什么？'但安杰罗立即着手处理这个问题。他去了趟萨丁尼亚，情况就改善了。"

"真正的萨丁尼亚软木塞，绝对比打着那儿名号，挂羊头卖狗肉的假货要好太多了。"安杰罗这么说。

萨丁尼亚岛仅次于西西里岛，是地中海的第二大岛，他正要去拜访岛上的软木塞厂。飞机很快就会在欧比亚 (Olbia) 降落，这里是离意大利本土最近的地方。

萨丁尼亚与皮埃蒙特之间，有着特殊的历史连结：萨丁尼亚原为西班牙的一省，在 1720 年的伦敦条约中，割让给萨瓦王国的维托里奥·埃马努埃莱二世，他随后成为萨丁尼亚的国王，岛名自此成为王国名，并随后统一了意大利。

"许多厂商从北非进口原料加工，事先却没看过，"安杰罗说，"他们从来不做任何的筛选，甚至不知道软木的确切产地。"七英里外的法国科西嘉岛（Corsica）所产的软木塞，也全是在萨丁尼亚加工的。

萨丁尼亚本岛的软木塞，只占全球总产量的极小一部分。软木塞的大宗来自地中海西岸以及葡萄牙，在那个区域以外种植 Quercus suber 的尝试没能成功。葡萄牙是全世界最大的软木塞生产国，拥有全世界三分之一的橡木塞树林，其软木塞产量超过全球半数，遥遥领先于分居第二、三名的西班牙与阿尔及利亚（Algeria）。

安杰罗打算拜访卡兰贾努斯（Calangianus）一带的几间木塞厂，小镇位于岛屿最北方的加卢拉（Gallura）。

"只和一间木塞厂合作，我没法拿到足够的优质软木塞。"他这么说。

在法国杂志刊登广告后，安杰罗试用了几家厂商，但他仍不满意。几年后，他终于找到萨丁尼亚一间小软木塞工厂，叫做索特贾（Sotgia），说服老板替他制作六十三毫米长的木塞——差不多有两寸半那么长，他用这些木塞来为 1979 年的圣罗伦佐，还有两个单一葡萄园的芭芭罗斯科封瓶。

"我第一次和索特贾讨论这款木塞时，他整个人呆了。"安杰罗说，"当时最长的软木塞只有几家顶级的波尔多酒庄使用。那些木塞比起这款还短了足足八厘米。"

等他终于拿到定制的长木塞后，却发现塞不进瓶子里。

"当年根本没有机器能够将这么长的木塞塞进酒瓶里，我还得特别定制一台塞瓶机。"

问题层出不穷，解决方式也各有千秋。

"酒侍拔不出软木塞，所以我只好进口更高级的开瓶器，像美国德州

247

的 Screw-Pull 这个牌子。我本来很担心餐馆老板会觉得这些木塞太麻烦而不订货，但出乎意料地，他们很感兴趣。就连顾客也注意到拔出来的木塞特别长，就算没点这款酒，也会频频探询。许多老板解释这是意大利酒时，都觉得与有荣焉。"

贾科莫·波隆那（Giacomo Bologna）是安杰罗的同业也是好友，常常拿这些木塞来开他玩笑，安杰罗咯咯笑着说：

"波隆那会儿说'你打算用长木塞多占点空间，好在葡萄酒上头缺斤少两，是吧？'"

"请系好安全带"的信号灯已经亮起，飞机准备降落了。

"特长软木塞不一定能够将葡萄酒保护得更周到。"安杰罗说，"但是由于尺寸特殊，软木塞厂不得不选用上等材料。自从我们改用长木塞之后，虽然霉塞味这个问题并没有彻底解决，但受污染的酒数量变少了。"

安杰罗在离欧比亚不远的旅馆里用晚餐，他向老板打听这一带有个地方种内比奥罗，叫卢拉斯（Luras）。

"卢拉斯！"旅馆老板语气很不屑地说，"不过是些农民和酿酒合作社之流的，很简陋，你看不上眼的。"

但安杰罗想要知道更多。旅馆老板似乎急于回避这个话题，好像光是谈论这些庶民农事，就会降低这间高档旅馆的格调。最后他才不情不愿地透露怎么去卢拉斯。

趁老板到下一桌和客人寒暄，安杰罗很快地算了一下时间，如果他早上六点前出发，就能在一连串的约见开始前去看看那些葡萄。

加卢拉（Gallura）乡间朴实无华、丘陵起伏，道路写意地蜿蜒着。橡木塞树散见各处，它们矮矮胖胖，节瘤又多，和法国中部那些高贵的表亲一比，简直看不出有任何的亲戚关系。那些最近才刚被剥皮的树，红棕色的树干暴露在外，仿佛没穿裤子被人逮到那么狼狈。

安杰罗转错了弯，在一条泥土路上开了好几英里后才找到卢拉斯。他停下车，朝村中广场上坐着的一群人走过去。

是啊，卢拉斯现在还有一点内比奥罗。"十九世纪的时候，有人从皮埃蒙特带过来的。"一位老人家这么说。

安杰罗和他们寒暄了几分钟，问问路怎么走，就回到车上。

"我实在无法想象这里怎么种内比奥罗。"他说道。

颠簸的泥土路现在已经变成了小径，通向山腰，内比奥罗就在那儿。葡萄园看起来低矮凌乱，在气候与土壤迥异的环境下生存了这么多年，无疑变了种。

安杰罗下了车，站在路旁，看着这些葡萄藤。

斯汤达（Stendhal）在他的《旅人札记》（*Memoirs of a Tourist*）一书中写过一则轶事。在他那年代，有位著名的上将毕松（General Bisson），在法国大革命期间担任上校，曾经命令麾下士兵经过芙舟围园时，必须立正敬礼。这些内比奥罗离乡背井，从蓝葛下放到此，犹如流亡的贵族，落魄潦倒。尽管安杰罗独自一人，但他向这些落难贵族致以的无声颂赞，比整个军团的致敬更动人。

"没有其他的植物像它们一样，付出这么多，却要求这么少的。"

嘉瑙（Ganau）兄弟不约而同这么说，在大太阳下，他们秃得发亮的脑门看起来一模一样。他们是萨丁尼亚属一属二的木塞厂。安杰罗现在已经到了工厂所在的小镇，卡兰贾努斯，五千位居民、二百五十间软木塞厂，占意大利软木塞总产量的九成。

Quercus suber 最特殊之处在于，负责输送树液的韧皮筛管部

（phloem），位于可再生的形成层（cambium）内，而不是在形成层与树皮之间。因此，树皮只是一层能抵挡热风的遮蔽物，剥皮对树也不会造成伤害，新树皮每年都会长回去，而且最外层的树皮不再是活体的一部分。

"植物生长力最旺盛的时候是夏天，所以只在那时采树皮，形成层能很快地长回来。"嘉璐兄弟说，"如果不在那时采收，筛管部可能受损，树也会因而死亡。"

官方的规定时间是从 5 月 1 日到 8 月 31 日。

"但今年我们 5 月 15 日才开始，因为天气太冷，树液都还没开始流动。而且到了七月底，几乎整个萨丁尼亚岛都停止采收，原因刚好相反，因为天气太热，树液完全停了。"

有关橡木塞树的一切，总是异口同声地两兄弟都可以告诉你。

"当树干直径达到六十五厘米的时候，就能做第一次的采收，此时树龄介于三十到四十年，但也会视气候和土壤而异。"

"第一次剥下的树皮是'公树皮'（male cork），又干又硬、绝不能用来做酒瓶的木塞。"他们说，"之后剥下的是'母树皮'（female cork），但还不够好，只有第三次的树皮才够紧密，是一流的好货。"

根据官方规定，采收树皮的间隔是九年，但最近已经延长为十年。

"之后，树皮品质改善了很多，并且在过去几年里，也重了许多。但你也不能让皮留在树上太久，否则木质会变得太多，不适合做软木塞。"

接下来，两兄弟轮流说。

"但是树皮的状态何时最好，还是要看产地。"其中一个先说。

"土壤贫瘠地区的树皮最好，因为生长速度慢、年轮较小也更紧密。也许山橡木是最好的。"另一个说道。

这听起来很耳熟，如橡木条和葡萄，软木塞也因地而异。

"在比较温暖的地区，橡木塞树在前一次采收后，需要九年的时间才

会长好。"另一个接着说，"在加卢拉这里，因为天气比较凉，所以至少要十一年。其他地方，像阿拉德萨地（Ala de'Sardi）需要十二年，有时候要等上十三，甚至十四年。"

他们停了一下，大家都迫不及待地想听下去。

"如果你真的了解你的橡木塞，甚至能分辨出不同森林间的差异。"

哪里才是软木塞界的至尊？就像橡木界的通赛、圣帕莱？

他们对望了一眼，是在犹豫该不该透露秘籍吗？最后他们脸上一亮，齐声说：

"就在坦皮奥（Tempio）附近的宝杜（Baldu）！"

蓄着黑胡子的佩皮诺·莫里纳（Peppino Molinas）和他的几个兄弟，拥有萨丁尼亚最大的木塞厂。他正在自家工厂的院子里，向大家解释软木塞的制作过程。和橡木条一样，第一个步骤是风干。

"树皮采收之后，至少要留在户外半年。"莫里纳说道。

软木塞比橡木条更让人摸不着头绪。1983 年，一群科学家、软木塞厂商、酿酒学家和侍酒师组成了一个委员会，为萨丁尼亚的软木塞产业标准提出一些建言，根据建议，软木塞风干至少要一年。但据嘉瑙兄弟所说，最起码要十四个月。剥下的树皮厚度从二到六厘米不等，橡木条每一厘米的风干时间最少要一年，那么新手该如何拿捏？

工厂院子里的景象看起来实在不怎么样。树皮堆得乱七八糟，还直接贴着地面，空气也不流通。橡木教授一定会给这些软木塞厂商不及格！

树皮在这里进行第一次分类。一名工人正忙着把它们分成不同堆，动作迅速得好像不经大脑，手就能自行思考。

"大概有三分之一不合格，"莫里纳说，"那些树皮磨碎之后会做成隔离的材料。"

他领着大家进工厂，在这里你会忘记自己身处一座无精打采的小镇。整间工厂采用先进的高科技，唯一例外的大概只有用来煮树皮的水槽。根据委员会的建议，水温至少要一百四十度、水中的单宁浓度不得高于百分之六。如果浓度太高，木塞就会吸收单宁。"水煮"目的是消毒杀菌，同时让树皮更柔软。

"树皮要煮一小时又十五分钟。"当安杰罗盯着脏水瞧的时候，莫里纳接着说，"水槽每隔三天就会清洁一次。"

"水煮"之后，树皮会被摊平然后堆放起来，但有些在储藏区的树皮上面长满了霉菌。

"喔——"莫里纳耸耸肩说，"白霉菌不要紧，要留意的是那些青霉菌。不过在水煮过后树皮不应该放太久，半个月内就应该处理完毕。"

但根据嘉瑙兄弟的说法，最多只能放两天！所以到底该听谁的？

下一个步骤是将树皮切成条状，宽度与软木塞成品的长度相同。接下来机器在这些树条上先打洞，然后再分类。

目前的分类系统有三种。

传统的主观分类法，是由人工判断。做为判断根据的是叫做"皮孔"（lenticels）的裂隙，其直径大小与数目多寡。软木塞一共分为五级，没进级的就扔掉。实验显示，人为判断的差距很大，就算专家也不例外。一名分类工将同样的一百个软木塞作两次分类，第一次他将二十七个分在第一级，第二次却有三十九个。另外一项实验中有六个人，负责处理另外一百个软木塞。最严格的专家只选出二十七个第一级，但最宽松的却选了六十六个，平均值是三十九。

莫里纳工厂是由电子感应器自动分类。这套系统以皮孔量来分类，但不会计算两端的皮孔，也不会判断软木塞常见的缺陷，如红屑和硬木斑纹等。因此这套自动化系统需要专家在旁，专家要在速度快得令人眼花的情形下，把电脑分类后的软木塞分发到适合的箱子里。有时候电子分类和人工的结果差不多，有时候却天南地北。电子分类法的长处是，不管测试多少遍，结果都是一样的。

第三种分类法由安东尼奥·佩斯（Antonio Pes）制定，是依照重量。

"由皮孔的直径与数目来决定木塞品质，只是一种美学判断。"佩斯如此写道。根据他的看法，软木塞的渗透性并非取决于孔隙度，而要视其中的软木脂（suberin）含量而定。软木脂是细胞中的蜡状物质。两个软木塞即使外观相同，但若是重量不同，封瓶的效果好坏也有异。

在莫里纳工厂里，应该用来称重的机器甚至没有打开。安杰罗的眼神耐人寻味。

成型的软木塞经过分类，再次加以清洗、抛光，然后依照酒庄的要求打上品牌商标。

"这就是今日大多数软木塞的制作过程。"莫里纳说，"但是少数几家酒庄，包括安杰罗的，所用的软木塞依然采取传统工艺。"

到村庄的另一头只需要一小段车程，到那里就像进了 quadrettista 的世界，这个词的意思是"制方块匠"。

十八世纪狄德罗编纂的百科全书里，关于软木塞那一章有幅插画，描绘当时软木塞工作室的情景。而这工作间活生生就是那张版画的再生：四个人坐在工作椅上，手工将树皮削成平行六面体，之后由机器打磨成圆柱形。这些工匠的速度一点也不逊于那些分类工人，一名好的工匠一天可以做出二千五百个。

"这样生产的软木塞品质更好。"莫里纳说，"打型机只能在硬皮的另一端打上标准大小的孔，这样接触到的年轮只有一小部分。而制方块匠会去掉硬皮，获得更多的年轮，并制作出直径不同的软木塞，工匠还可以剔除硬木斑纹这类的缺陷。"

莫里纳嘻嘻笑着，说："当然，这些软木塞可比那些机器生产的要贵得多了。"

回机场的路上，安杰罗在途中停了一下，拜访住在阿尔札凯纳（Arzachena）附近的两兄弟，法毕奇欧和马里欧·拉格内达（Fabrizio and Mario Ragnedda）。两兄弟年纪轻轻，用本地的维门蒂诺（Vermentino）葡萄酿酒。大部分的维门蒂诺只是简单的日常餐酒，用来佐当地海产的。维门蒂诺葡萄酒有两种：一种采用传统酿法，氧化呈黄色；另一种则使用新科技酿造，几近无色无味。两兄弟之前曾到芭芭罗斯科拜访过安杰罗，那时他答应来萨丁尼亚时会来看看他们。

安杰罗对他们的故事再熟悉不过了，每个葡萄农若想脱离原地踏步的廉价酒世界，免不了要经历这些：要有所牺牲、要降低产量、避免脆弱的葡萄氧化、黎明之前就要采收；还有酒馆老板第一次听到价钱时，脸上不敢置信的表情。而在这个故事里，结局快乐而美好：重大突破、未来充满新展望。

两兄弟问了安杰罗许多问题，他认真倾听，有问必答。软木塞的问题出现了，法毕奇欧提到他的岳父是采树皮的工人。

"他说所有人都是从地面割起，完全没有筛选。"

该怎么办？法毕奇欧有个想法："应该自己挑树皮，然后按照我们想要的方式采收，并且亲自风干。"

安杰罗挑了下眉毛，一抹神秘的微笑浮现在他脸上。

特雷索（Treiso）离芭芭罗斯科只有几英里之遥，里卡迪伯爵（Count Riccardo Riccardi）的妙语如珠，替露台上的晚餐增色不少。里卡迪在一家以苦艾酒与气泡酒闻名的酒庄担任公关，但他真正想做的是皮埃蒙特的喉舌。他的妻子是托斯卡纳人，但就连托斯卡纳对他来说都太南边了。

"那些南蛮子！"他讲。

夏日余晖投射在葡萄藤覆盖的山丘上，非常迷人，餐桌上的气氛十分热烈。

"尝尝这个。"吉多突然说。他替每个人倒了一杯 1987 年份的嘉雅芭芭罗斯科，这是今晚的第二瓶酒。两款酒都没问题，但第一款酒体较厚，在口中的感觉更饱满丰富。

每个人都大为惊艳。这是怎么回事？

吉多指了指桌上的两个软木塞。"就是它们！"他叫道，"想想看，这两瓶酒的编号只相差九个数字，表示在装瓶线上间隔不过几秒，也就是说两瓶酒是出自同一个酒桶的。"

但就像从两个不同的木桶中倒出的 1989 年份的圣罗伦佐，这两瓶酒也截然不同。

"许多人以为软木塞的麻烦只在于它会造成酒中的霉塞味。"吉多说，"但是由于软木塞的差异，让两款酒尝起来完全不同，又该怎么说？就像这两瓶！"

"酒装瓶后会与软木塞接触，酒一定从中吸收了什么。"里卡迪说道。

"你说得一点也没错！"吉多叫道，"首先，软木塞里根本没有什么好东西值得萃取。再者，木塞常常都没有确实风干。酒瓶侧放时，如果葡萄酒没有渗入瓶口，那么只有木塞底部会与酒接触，面积小。但如果酒真的渗到了瓶口，那酒与软木塞接触的面积甚至会比与小橡木桶的更大。"

吉多拿出了一个小计算器，开始算了起来，木塞和小橡木桶的长度与圆周、瓶装与桶装的容量。吉多变得很激动，软木塞的罪行令他怒不可遏，而最严重的罪行莫过于渗漏。

"你看看！"他得意地叫出来，"比率差了两倍！"

他现在就像个强硬的法庭律师，想要将软木塞定罪。他停顿了一下，好让他的陈词更能影响陪审团。

"不仅如此，一款特级红酒在小木桶里最多只待一两年，但与软木塞接触的时间却可能持续多年！"

所以软木塞有罪吗？安东尼奥·佩斯埋怨过，不该把一切都归咎于软木塞。

"在讨论软木塞的案例时，最重要的瓶子却不在场。"他写道，"瓶身应该根据软木塞的特质来制作。瓶口设计不应该只顾美感，直径与锥削度也很重要。"

他还辩称，将两个大小与重量相同的软木塞，塞入两个不同的瓶子：一只瓶口是完美的圆筒形，另一只是圆锥形。在第一个酒瓶里，软木脂的浓度以及其中所含的脂肪酸会均匀地分布于整个软木塞；但在第二个瓶子里，靠近瓶口的会比葡萄酒那端来得多。

"总而言之，工厂在制作软木塞时已经尽了力，但木塞就跟葡萄一样，你没办法化腐朽为神奇。软木品质若不佳，工厂再怎么做也无济于事。"安杰罗说。

"没错。"吉多说，"他们现在什么都用，有些地区的木塞橡树生长快速、孔隙较多，也照用不误。二十年前，这些树有其他许多用途，做成软木塞的只是少数。如今情形颠倒过来，软木塞成了大宗，然而品质却每况愈下。"

软木塞是现代葡萄酒诞生的四大功臣之一。酒瓶玻璃强度不断地提高，除了法国之外，有越来越多的国家加入酿制顶级葡萄酒的行列，除了英国也有越来越多的国家喝葡萄酒，唯有软木塞似乎没有任何长进。酒瓶与软木塞的婚姻似乎总以"从此过着幸福快乐的日子"收尾，但就像许许多多其他的故事，结婚久了，一切成了例行公事，甚至连牢骚与不满也成了理所当然。

"我们需要另外一种瓶塞。"吉多说道，"不一定要金属瓶盖，可能是某种合成材料。但这需要一位大无畏的领袖，而且地位尊崇如蒙大维或玛歌堡，那么，所有人才会起而效尤。"

安杰罗陷入沉思。

"瓶装酒在意大利仍是种新兴现象，"他说，"也许以前我们对这个现象感受不够敏锐，而且大部分的酒庄仍然没有品质的概念。以顶级酒而言，就算木塞价钱比现在最贵的还要贵上十倍，只要能提供更好的品质保证，就应该不惜代价。但这问题很敏感，光想到一瓶好好的玛歌堡却感染了霉塞味，就让人难以下咽。"

"但软木塞是有活性的，我们不能逃避这个事实，"吉多坚持道，"我们比较了同一款酒在桶龄不同、材质不同的橡木桶里陈年的效果。那我们何不对软木塞和其他的瓶盖做实验，就像奥多的朋友做的那样？"

马提尼罗斯酒厂（Martini and Rossi）位于都灵附近的佩雄内（Pessione）。要是一个葡萄农踏进这间工厂，八成以为自己误闯了菲亚特的汽车厂。一瓶瓶的苦艾酒和马提尼，从装瓶线上滑下，速度快得就像机关枪的子弹。

阿柏托·欧瑞可（Alberto Orrico）的实验室里，就连柜子都比吉多整间实验室来得大。他是奥多·瓦卡在都灵大学时的朋友，看起来亲切、热情，当然他也穿着实验室的白袍。他负责为上百万瓶苦艾酒、气泡酒的品质把关，并且特别关注软木塞。

"我做了两种实验。"他说，"首先，我随机挑选一些软木塞，削成一片片的，放入不同的容器，倒进同一种白酒。"

他苦笑了一下。"如果你以为软木塞是中性物质，那我建议你该尝尝那些木塞浸泡过的酒。"他停了一下，等大家会意过来。

"接着我从装瓶线上取下一大批连号的酒，再用不同材质的瓶盖封瓶，从金属瓶盖、螺旋盖、矽胶塞，到不同货源的天然软木塞都有。一个月后，要工厂里所有的员工都来盲品。"

欧瑞可的眉头皱了起来，他在找寻适当的措词。

"大家都同意，用天然软木塞封瓶的酒尝起来口感最差。封瓶效果最好的通常是金属瓶盖，和由聚乙烯（polyethylene）制成的合成塞。每一瓶酒的风味都不同，有的彼此差异很大，就算不是专业品酒人也会察觉其中的差异。"

他双手一举。"我们有位主管对合成塞的效果满意极了，由于外观酷似天然塞，看起来相当吸引人。他想说服阿斯蒂气泡酒公会采用这款合成塞，但遭到驳回，因为他们担心使用合成塞会有损形象。"

其他地区也曾进行类似的实验：例如知名的瑞士韦登斯维尔（Wädenswil）研究中心，曾用不同的封瓶方式进行长达八年的实验。其中以金属瓶盖的表现最优，螺旋盖次之，实验结果和欧瑞可最大的不同，合成塞是倒数第一名，天然塞则表现中等。许多以天然塞封瓶的葡萄酒，得到的评价不逊于金属盖，但也有些酒有霉塞味、渗漏的问题。

虽然还没有最后的裁定，但估计也不远了。

"在此之前，一切只能全凭运气。"欧瑞可如此说道。

装瓶已经完成。1989年的圣罗伦佐特级葡萄酒，在崭新的玻璃瓶里，由软木塞封口，它得花点时间从这段折腾里慢慢恢复过来。酒窖深处，阒黑幽暗、静寂无声，1989年的圣罗伦佐，在此为未来的登场做准备。

1992年9月10日

安杰罗猛踩煞车，高速公路那头远远停着一辆巡逻警车。

"这就是意式风格。"安杰罗有点不好意思地说。里程表马上从一级方程式赛车的速度，降回高速公路的标准车速。

都灵被远远地抛在后头，安杰罗正在回家的路上。他涉足葡萄酒已经有三十年，但他依然急如星火、片刻不得闲，这是他身为意大利葡萄酒新世纪的先驱所付出的代价。

德 - 彭塔克是先驱们的前辈，他在六十年代开始改良和行销自家酒款，不过那是十七世纪的六十年代。法国人早在三百年前就先起跑了，也许，安杰罗试着将落后的那一段给补上来。

生活的步调因人因物而异，如果道路平坦、视野清晰，那么大可快意奔驰，安杰罗也不算铤而走险。但在葡萄园和酒窖里，不能求快。

"当然，如果1989年的圣罗伦佐能在五月装瓶，对我们来说会好办得多。"他说，"不过葡萄酒打算慢慢来，耐心（Pazienza）。"你要有耐心。

安杰罗依然一切向前看；加快脚步，未来才能加速来临！还有，别忘了，世事多变，千万别以为现在所看到的，永远一成不变。

"看看芭芭罗斯科改变了多少，"安杰罗说，"这里有一百五十户人家，其 259

中四十户有了自己的酒庄，自豪地看到酒标上是自家的品牌。小葡萄农不再受制于大酒庄，任由对方低价收购葡萄。这解放，比巴罗洛还要早，从社会观点来看，这是了不起的集体成就。芭芭罗斯科已经建立起良好的口碑。"

但也有些值得商榷的改变。葡萄园无法吸引年轻人投入，老一代又逐渐凋零。腓德烈克对未来忧心忡忡，以后由谁接手？

"你不能只看本地，要放眼全局。"安杰罗说，"世界瞬息万变，看看东欧的情势，我们不能只作壁上观。"

近来到嘉雅的访客，偶尔会听到陌生的语言，就算一个字也听不懂，也知道那不是皮埃蒙特方言。意大利人也曾是移民，现在有更多外来者叩门。既然芭芭罗斯科能够同化多利亚尼来的朱赛佩·伯托、西西里的安吉罗·蓝博，那么来自阿尔巴尼亚的赛尔门·曼达尤（Selman Mendalliu）和维多·拉拉（Victor Lala），又有何不可？现在他们已经加入照顾圣罗伦佐特级葡萄园的行列，不久以后，他们也会对葡萄藤说话——用的当然是皮埃蒙特方言！

"前景还是有些堪忧之处。"安杰罗也承认。

长期的经济萧条影响了顶级酒的市场，安杰罗担心美国禁酒主义的回潮。

"酒庄没有尽全力推动适量饮酒的概念，也没有区隔葡萄酒与烈酒的不同。葡萄酒不仅仅是另一种酒精饮料，葡萄酒应该在餐桌上与美食同在，才能得其所哉，这很重要。"

美式生活常让安杰罗感到困惑，道路的限速只是其一。这个新禁酒主义盛行的国家出版了《葡萄酒观察家》，这是全世界发行量最大的葡萄酒杂志。美国也是罗伯特·派克的故乡，他每年品酒评酒无数，堪称世界最有影响力的葡萄酒作家。但这个国家也是把葡萄酒列入"酒精、烟草与枪械管理局"的管制之下。

"圣罗伦佐特级葡萄酒和枪弹或牛饮，哪里扯得上边？"他耸耸肩。"不过，不说其他国家，意大利自己的矛盾也不少。"

就算在逆境里，安杰罗也抱着一丝希望，如今新兴市场正逐渐打开。

"看看远东地区！"他叫道，"二十多亿个味蕾等着发现葡萄酒之美！"

十年前的日本，每人每年只消费半瓶的葡萄酒，现在已经超过一倍。

"虽然仍微不足道，但会持续增加。由日本人经营的意大利餐厅，水准已属世界一流，他们派厨师来意大利，与这里的顶尖厨师共事。而这些日本厨师就像特洛伊木马，替意大利葡萄酒攻城掠地。"

去年此时，安杰罗正在百老汇的万豪侯爵（Marriott Marquis）酒店，为纽约品酒会十周年做准备。

德 - 彭塔克早在十七世纪就明白一件事：葡萄酒需要舞台。葡萄酒想成名，还有哪里比百老汇更合适？只要戏能叫座，自会有人出钱。然而想在百老汇成功大不易，这场秀的后台在芭芭罗斯科，大家都全力以赴，但总是想做得更好。

"比如说，我想试试灌溉。"安杰罗说道。

灌溉系统于法不容，因为这么做有违传统。

"想也知道，这种传统不存在。"安杰罗驳斥，"从前这里连自来水都没有，要怎么灌溉？"

他很清楚，许多人会对他的建议感到震惊。说到灌溉，一般人常常会与高产量和稀释酒联想在一块儿。

"这是一道心理障碍，灌溉这个词总让人怕，让人联想到尼加拉瓜大瀑布，想到诺亚与洪水！但灌溉并不会让葡萄园泛滥成灾，也不代表会降低葡萄的品质。我只希望在干旱过长时能够洒点水。"

某些方面倒已经有了令人兴奋的进展。

"我迫不及待想看看我们自己风干的木材，会带来什么样不同的陈年效果。"他说。

还有，巴罗洛明年会上市，1961 年以来的第一款。

此外，吉多的新实验室完工了，"实验室已经准备就绪，想想我们可以在里面做多少实验。"

吉多现在有了位助理，负责例行的分析工作。他自己会有更多时间来着手这些年来一直想做的研究。

但吉多永远不会是个彻头彻尾的化学家，在他骨子里依然有炼金士的本色。"化学"这个词出自希腊文的"质变"一词，将葡萄的原汁转变为黄金般的葡萄酒是种质变。吉多的伪装千变万化，让你猜不透。

酿酒之于葡萄酒，就像神经之于心智，能解释许多现象，却无法解析全部。我们可以用双重观点来看待葡萄酒，就像我们看着夕阳沉入海中时，不一定要相信地球是平的，才能够欣赏这样的日落美景。

安杰罗脸上挂着微笑，他心情很好。

天使（angel）是报信者，安杰罗（Angelo）报的大多是市场信息，他也是真正传福音的人——向世人传送着葡萄酒的福音。

葡萄酒是瓶子里的终极信息，是最能表现特定地区的产物；它的无穷变化丰富了世界共通的语言，就像音乐一样。

小说家西碧儿·贝德福（Sybille Bedford）写她在少女时，一切与葡萄酒有关的细节都让她迷恋：从酒瓶、酒名、酒标，到"地理与气候的关联，多样的葡萄酒所带来的浩瀚知识与体验，但她最爱的是滋味——洋溢着蜜桃、泥土、忍冬、覆盆子、香料、雪松、鹅卵石、松露、烟草叶的味道；还有那份愉悦、那份沉静的狂喜从心底扩散到全身上下"。

车子渐渐驶近库内奥省东北角的蒙塔镇（Montà）。

"虽然我们仍然在'皮埃蒙特'，"安杰罗微笑着说，"但到了这，我才有回家的感觉。"

都灵平原的景色，已由罗埃罗（Roero）的起伏山丘所取代。这里也种内比奥罗，但酿出来的酒和芭芭罗斯科不同，容易入口但不耐陈年，因为这里是沙地，地点非常重要。

过了托那洛河就是蓝葛区，那里的山陵又是另一番景致。

"啊，那些山丘！"安杰罗叫道，"我们连续遇上了好几个旱季，换了别的地方，葡萄藤早就死光了。"

山丘的形成可以追溯到中新纪（Miocene），是第三纪的第四个时期，距今大约两千万年。阿尔卑斯山、喜玛拉雅山、安地斯山和蓝葛区，都在那时成形。

酒庄近期的一项重大任务，是在圣罗伦佐葡萄园里植新苗。在蚜虫肆虐前，未经嫁接的葡萄藤可以活个百年，但现在通常是三十到四十年。

拔除老藤是令人震撼的"毋忘生之有涯"（Memento mori）。

"等到下次植新苗时，我可能已经不在人世了。"安杰罗说。

连根拔除这批葡萄藤后，将休耕三年。在多年的单一作物栽培之后，腓德烈克会种一些芥菜类植物，让土壤借机休养、重新获得平衡后，再种上新的葡萄藤。

拔除和植新苗都要分三阶段进行。

"一次性全面进行太冒险了。"安杰罗解释，"如果你不幸遇上干旱，幼藤的根太短，无法吸收下层土的水分，很可能会死；另外还有商业的考量。要等新藤苗壮，足以结出我们所需的果实，还要等上好几年。每年要保持少量的圣罗伦佐葡萄酒的上市，这点也很重要。"

安杰罗的表情变得很热切："我想要增添酒的复杂性。"

腓德烈克正针对这点来着手。他从芭芭罗斯科和塞拉龙加两块地里选出最好的插条，然后替它们另辟一区，种在巴尤雷。目前那里已有一百八十株葡萄藤，每一株上面都别着一个白色标签。等时机成熟，他会

263

从那里剪下插条，在圣罗伦佐这儿，沿着斜坡从上到下地种——也就是垂直种植法。

"我们希望藉由不同的混合来获得更多的细腻感。大约百分之四十的葡萄藤来自圣罗伦佐，另外百分之二十五来自芭芭罗斯科，比如说帝丁的，还有百分之二十五的塞拉龙加，甚至还有约百分之十来自都灵大学的克隆植株。"

他停了一下。

"我知道我们的葡萄藤不能完全抗病害，这点可能会带来麻烦。但我们必须要冒这个险。"

安杰罗的心意已决，他绝不会只让一两种克隆称霸。生活需要各种调剂，葡萄酒也是。

"我认为勃艮地之所以能青史留名，其中一个原因是，过去数百年来发展出许多不同品种的低产量克隆。但六十年代植新苗的时候，他们犯下了某些大错。"

车子往托那洛河谷驶去，很快地，这位蓝葛之子就会回到故乡。

在远方，芭芭罗斯科端踞在山丘之上，宛若挥手欢迎。起重机已经移开了，如今天边只见芭芭罗斯科的古塔。普鲁斯特（Marcel Proust）在不朽巨著《追忆逝水年华》（*Remembrance of Things Past*）里，描绘了贡布雷（Combray）居高临下的教堂，是远处唯一可见之物；芭芭罗斯科古塔亦然。这座高塔一如既往，"是村庄的形象代言人，它代表着小村，为小村喉舌，屹立不摇、直到天际"。

在山坡上，就在塔下都灵大街的右边，圣罗伦佐正等待最后一次采收。有圣徒圣罗伦佐与天使安杰罗的守护，还有诗人与魔法师的看顾，新藤没有什么好担心害怕的。

然而还有许多要务悬而未决，比如说砧木，需要考虑的面向非常多。

当然，抗蚜虫是必备的（新型变种的蚜虫害在加利福尼亚肆虐横行，警示世人绝不能对此掉以轻心），还有干旱、活力等问题。这些葡萄藤能适应圣罗伦佐的石灰质土壤吗？能否在此落地生根？

安杰罗的心思比他的车速还快。这些葡萄藤会在这里待上三十几载，奉命阐述"大地风味"与"土壤奥秘"，结出世界上最棒的葡萄，而这也正是一切的起点。

结 语

　　嘉雅家族自 1859 年在皮埃蒙特的山丘上开始酿酒，至今已相传五代。

　　目前酒庄由安杰罗·嘉雅与妻子露西亚，以及他们的两个女儿佳亚（Gaia）与罗莎娜（Rossana）一同经营。嘉雅旗下的产业还包括歌玛达（Ca' Marcanda）葡萄园，位于托斯卡纳海岸的卡斯塔涅托·卡杜奇（Castagneto Carducci），以及位于蒙塔奇诺（Montalcino）的桑塔瑞缇塔教区（Pieve Santa Restituta）庄园。

Ⓢ 圣罗伦佐特级葡萄园，1989 年份。

⑤ 1937 年嘉雅酒庄的酒标。

⑤ 1859 年，酒庄创建人当时使用的酒标。

Ⓢ 1900 年起使用的酒标。

Ⓢ 1978 年份的芭芭罗斯科酒标。

⑤ 乔凡尼·嘉雅（Giovanni Gaja），1908-2002 年。

Ⓢ 1905 年，安杰罗·嘉雅一世（Angelo Gaja）与妻子克罗迪蕾（Clotilde Rey）。

Ⓢ 1913 年，乔凡尼·嘉雅与父亲安杰罗一世。

271

⑤ 1960 年，安杰罗・嘉雅（Angelo Gaja）于阿尔巴市受领他的酿酒文凭。

⑤ 嘉雅一家，从左至右：儿子乔凡尼（Giovanni）、次女罗莎娜、庄主安杰罗、妻子露西亚（Lucia）、长女佳亚（Gaia），2009年。

⑤ 嘉雅酒庄（GAJA）位于意大利西北部的皮埃蒙特（Piemonte）大区，蓝葛区（Langhe）的阿尔巴市（Alba）。

273

⑤嘉雅酒庄所在的村庄芭芭罗斯科（Barbaresco）。

275

⑤ 嘉雅旗下的歌玛达（Ca'Marcanda）葡萄园，位于意大利中部
托斯卡纳（Tuscany）大区的小镇宝格立（Bolgheri）。

⑤ 歌玛达（Ca'Marcanda）葡萄园

在酒之巅——葡萄的天地人

ⓢ 桑塔瑞缇塔教区庄园的所在地蒙塔奇诺村（Montalcino village，安德烈·拉毕斯摄影）。

ⓢ 桑塔瑞缇塔教区庄园，位于托斯卡纳的蒙塔奇诺村。

Ⓢ 尤金尼欧·甘霸（Eugenio Gamba），橡木桶制造商。

Ⓢ 橡木教授卡米尔·高瑟（Camille Gauthier），正在劈开橡树原木。

⑤ 嘉雅酒庄的葡萄农卢吉卡瓦罗（Luigi Cavallo-Gino），是酒庄多年的
支柱。

⑤ 酿酒师吉多·里威拉（Guido Rivella）。

⑤ 朱赛佩·伯托 - 朱伯（Giuseppe Botto · Beppe），二十世纪六十年代，
安杰罗为酒庄招募的第一个全职员工。

⑤ 酒庄的葡萄园丁安吉罗·蓝博（Angelo Lembo）。

Ⓢ 腓德烈克·柯塔兹（Federico Curtaz），负责嘉雅葡萄园事务的总管。

Ⓢ 酒庄负责接待访客与联系国外事物的奥多·瓦卡（Aldo Vacca）。

Ⓢ 文森卓·杰比（Vincenzo Gerbi）是都灵大学的微生物学家。

作者简介

爱德华·斯坦伯格 Edward Steinberg

生于美国阿拉巴马州，在哈佛大学学习及任教，后移居罗马。他创办了罗马广场学院，并任罗马高蒙特电影学院的管理人。他曾在罗马一家著名的酒行主持试酒会，参与欧洲共同体的顾问工作，并为《新闻周刊》撰稿。现在他是自由撰稿人。

齐仲蝉 CHANTAL CHI

旅欧十二年，深入法国、意大利、西班牙、葡萄牙、德国、美国、智利、阿根廷、新西兰、澳大利亚等国，以及中国各地酒区实地拜访近千家酒庄。应意大利 Vinitaly 以及西班牙 Tempranillo al Mundo、新加坡等国之邀担任国际葡萄酒赛评审，代表中国赴新西兰参加黑皮诺盛会，赴巴黎参加顶级香槟品鉴会。此外，也曾多次应邀担任中国品酒师选拔赛和中国葡萄酒选拔赛的主评审。屡次为法国、意大利、美国、阿根廷葡萄酒组织主持葡萄酒大会与演讲，并受德国最大酒展 Prowein 邀约演讲，为奥地利葡萄酒公会翻译专业文案，在上海及香港主办葡萄酒晚会及专业品酒会。

身为全球葡萄酒写作协会（FIJEV）中国代表的她，2008 年于上海文化出版社出版《法国人的酒窝》一书。2009 年，该书在法国巴黎获得世界美食家图书大赛（Gourmand World Cookbook Award）两项大奖：世界葡萄酒地图类首奖（Winner of Wine Atlas/Tourism），及中国最佳葡萄酒教育图书奖（Best Wine Education Book in China）。2012 年开发葡萄酒学习应用程序。除此之外，她还出版了《葡萄酒平常问》与《300 元巧买葡萄酒》两书，并创办中国第一本专业葡萄酒杂志。

2005年，齐仲蝉为波尔多名酒协会（Commanderie de Bordeaux）上海分会创办元老；2010年5月，齐仲蝉与法国驻上海领事两人获香槟荣誉勋章会（Ordre des Coteaux de Champagne）颁授的荣誉军官勋章（Officier d'Honneur），她是唯一获得军官荣誉的中国人；2011年获波尔多1855协会颁发的荣誉奖状，齐仲蝉也是第一位获得此项荣誉的中国人。

2012年，齐仲蝉获得法国政府颁发的农业卓越功绩骑士勋章（Chevalier de l'Ordre du Mérite Agricole）。

图书在版编目（CIP）数据

　　在酒之巅：嘉雅的天地人 /（美）爱德华·斯坦伯
格著；齐仲蝉译 . -- 上海：上海文化出版社，2018.1
　　ISBN 978-7-5535-0729-3

　　Ⅰ . ①在… Ⅱ . ①爱… ②齐… Ⅲ . ①葡萄酒—文化
—意大利 Ⅳ . ① TS971.22

　　中国版本图书馆 CIP 数据核字 (2017) 第 087776 号

著作权登记号图字：09-2012-132 号

发 行 人：冯　杰
出 版 人：姜逸青
责任编辑：赵光敏
装帧设计：介太书衣　叶珺
设计制作：方明

书　　　名：在酒之巅：嘉雅的天地人
作　　　者：（美）爱德华·斯坦伯格
译　　　者：齐仲蝉
出　　　版：上海世纪出版集团　上海文化出版社
地　　　址：上海市绍兴路 7 号　200020
发　　　行：上海世纪出版股份有限公司发行中心
　　　　　　上海福建中路 193 号　200001　www.ewen.co
印　　　刷：上海丽佳制版印刷有限公司
开　　　本：787×1092　1/16
印　　　张：19.25
印　　　次：2018 年 1 月第一版 2018 年 1 月第一次印刷
国际书号：ISBN 978-7-5535-0729-3/TS.041
定　　　价：88.00 元

告读者：如发现本书有质量问题请与印刷厂质量科联系 T：021-64855582

图书在版编目（CIP）数据

　　在酒之巅：嘉雅的天地人 /（美）爱德华·斯坦伯
格著；齐仲蝉译 . -- 上海：上海文化出版社，2018.1
　　ISBN 978-7-5535-0729-3

　　Ⅰ. ①在… Ⅱ. ①爱… ②齐… Ⅲ. ①葡萄酒－文化
－意大利 Ⅳ. ① TS971.22
　　中国版本图书馆 CIP 数据核字 (2017) 第 087776 号

著作权登记号图字：09-2012-132 号

发 行 人：冯　杰
出 版 人：姜逸青
责任编辑：赵光敏
装帧设计：介太书衣　叶珺
设计制作：方明

书　　　名：在酒之巅：嘉雅的天地人
作　　　者：（美）爱德华·斯坦伯格
译　　　者：齐仲蝉
出　　　版：上海世纪出版集团　上海文化出版社
地　　　址：上海市绍兴路 7 号　200020
发　　　行：上海世纪出版股份有限公司发行中心
　　　　　　上海福建中路 193 号　200001　www.ewen.co
印　　　刷：上海丽佳制版印刷有限公司
开　　　本：787×1092　1/16
印　　　张：19.25
印　　　次：2018 年 1 月第一版 2018 年 1 月第一次印刷
国际书号：ISBN 978-7-5535-0729-3/TS.041
定　　　价：88.00 元

告读者：如发现本书有质量问题请与印刷厂质量科联系 T：021-64855582